智能制造专业"十三五"规划教材
西门子（中国）有限公司官方指定培训教材
机械工业出版社精品教材

数控系统连接与调试
(SINUMERIK 808D Advanced)

朱弘峰　赵瑞晓　季　鹏　编著
陈　勇　耿　亮　主审

机械工业出版社

本书从零件加工部位的结构、加工方法和要求切入，介绍了机床的配置、软硬件组件、参数设置和功能调试等。本书主要内容包括：认识数控机床，数控系统的安装，系统功能连接，典型机床部件控制，机械加工（金属切削领域）车间级数字化技术。

本书可供职业技术学校、技工院校数控专业师生使用，还可供相关技术人员参考。

图书在版编目（CIP）数据

数控系统连接与调试：SINUMERIK 808D Advanced/ 朱弘峰，赵瑞晓，季鹏编著 . —北京：机械工业出版社，2019.9（2025.1 重印）
智能制造专业"十三五"规划教材
ISBN 978-7-111-62965-8

Ⅰ . ①数… Ⅱ . ①朱… ②赵… ③季… Ⅲ . ①数控机床 – 调试方法 – 中等专业学校 – 教材 Ⅳ . ① TG659

中国版本图书馆 CIP 数据核字（2019）第 202915 号

机械工业出版社（北京市百万庄大街 22 号 邮政编码 100037）
策划编辑：赵磊磊 侯宪国 责任编辑：赵磊磊
责任校对：王 欣 责任印制：邓 博
北京盛通数码印刷有限公司印刷
2025 年 1 月第 1 版第 2 次印刷
184mm × 260mm · 8.25 印张 · 212 千字
标准书号：ISBN 978-7-111-62965-8
定价：39.80 元

电话服务　　　　　　　网络服务
客服电话：010-88361066　机 工 官 网：www.cmpbook.com
　　　　　010-88379833　机 工 官 博：weibo.com/cmp1952
　　　　　010-68326294　金 书 网：www.golden-book.com
封底无防伪标均为盗版　机工教育服务网：www.cmpedu.com

序
INTRODUCTION

　　第一代SINUMERIK数控系统的样机，今天还静静地躺在德意志博物馆里，仿佛在诉说着历史的变迁和技术的发展。SINUMERIK数控系统作为德国近现代工业发展历史的一部分，被来自世界各地的广大用户信任、依赖，并且成为制造业现代化和大国崛起的重要支撑力量。

　　SINUMERIK平台采用统一的模块化结构、统一的人机界面和统一的指令集，使得学习SINUMERIK数控系统的效率很高。读者通过对本书的学习就可以大大简化对西门子数控系统的学习过程。

　　零件加工过程，本质上是一个工程任务。作为完成这样一个工程任务的载体，SINUMERIK数控系统本身也凝结了很多严谨的工程思维和近乎苛刻的工程实施方法与步骤。所以说，SINUMERIK数控系统完美地展示了德国式的工程思维逻辑和过程方法论。

　　在数字化浪潮席卷各个行业、诸多领域的今天，工业领域比以往任何时候都更需要具有工匠精神的工程师和技工。他们受过良好的操作训练，掌握扎实的基础理论知识，有着敏感的互联网思维，深谙严谨的工程思维和方法论。

　　期待本书和其他西门子公司支持的书籍一样，能够为培养中国制造领域的创新型人才尽一份力，同时也为广大工程技术人员提供更多技术参考。

西门子（中国）有限公司

数字化工业集团运动控制部

机床数控系统总经理

杨大汉

前言
PREFACE

  数控系统安装调试的目的就是使数控机床既能按照预设响应人机操作，又能按照规定的工艺参数进行零件加工。对切削加工机床而言，工艺参数实际主要是指切削参数。在加工过程中，数控系统根据加工程序计算刀具轨迹，根据试运行和加工调整所确定的参数进行各种补偿，实现点位或插补控制，使机床主轴和进给轴运动满足切削参数要求；同时还显示主轴转速、坐标轴位置、进给速度、程序状态等相关信息。SINUMERIK 808D Advanced 数控系统和 SINUMERIK 840D sl 系统一样，能通过特定数据区的数据交换实现 PLC、NCK、HMI 之间的功能连接与协调，具有 SINUMERIK 840D sl 的大部分基本功能和部分特殊功能，参数功能与 SINUMERIK 840D sl 兼容，调试方法与 SINUMERIK 840D sl 基本一致，还具有调试向导工具，特别适合初学者入门与进阶。因此，本书从系统装调的目的出发，介绍零件结构工艺性需求，SINUMERIK 808D Advanced 系统操作资源、功能资源，说明系统功能对零件加工的支持关系，并在此基础上指导数控车床和加工中心的装调、维修方法。

  机床是数控设备的主体组成部分。针对不同加工对象所需的动力学性能，机床被设计成具有机械零件加工和模具加工两种用途。具体的零件结构和切削方案决定了机床配置，实际决定了包括机床在内的整个工艺系统的选用范围；反过来，机床一旦选定，配套的工艺装备及工艺方法也随之限定。数控机床的主要装调对象就是"轴"。机床的各种"轴"支撑着独特的工艺性能，需要独到的设置和优化。通常，机床的"轴"主要指坐标轴、回转轴和 PLC 轴。每个坐标轴一般都由伺服电动机、联轴器、传动机构、滑台（或转台）和润滑装置等组成。4 轴、5 轴机床装备有回转轴。4 轴机床的转台有 A 轴、B 轴之分，5 轴机床有双摆头、双转台、摆头 + 转台 3 种形式。回转轴一般由伺服电动机、齿轮或蜗轮蜗杆传动装置、带轴承或弧形导轨的转台和润滑装置构成。采用直驱技术的先进机床，坐标轴采用直线电动机，回转轴采用力矩电动机。对应具体用途，轴的联动形式主要有插补轴、同步轴、耦合轴等。

  机械零件的精加工常采用切削加工。切削可分为强力切削、高速切削和高效率切削。切削加工依靠刀具。刀具是针对一定的零件材料和加工条件设计制造的。切削事件只有在适宜的条件下发生，切削状态才会正常。零件加工达标的必要条件就是控制好每个切削事件发生条件，尽量保证整个加工过程中，每一刀的切削过程都符合刀具的设计工况，从而让刀具发挥其应有的性能。设备装调的目的是面向可能发生的切削事件，保证机电各环节在加工全过程中的几何精度和动态性能，从而保证切削状态和过程始终受控。实际上，这就是"数字化双胞胎"的两项具体工作。

　　我们研究数控系统的时候，关心的是系统的功能。功能支持的是零件加工工艺和机床的控制过程，因此本书从零件加工部位的结构、加工方法和要求切入，之后讲解机床的配置、软硬件组件、参数设置、功能调试。对所有机床控制过程的分析均采用"状态事件分析法"。利用这种方法不仅能够有序地列出控制过程中各阶段的状态，而且还能清楚地反映各状态中的事件发生状况，以及状态、事件的相互作用关系，轻易地揭示系统的控制逻辑和故障根源。

　　本书由朱弘峰、赵瑞晓、季鹏编著，由陈勇、耿亮主审。

　　由于编著者水平有限，书中难免存在错误和不足之处，请广大读者批评指正。

编著者

目录
CONTENTS

绪 论
INTRODUCTION

世界上第一台数控机床诞生于 1952 年，是在美国空军的资助下由帕森斯（Parsons）公司和麻省理工学院（MIT）共同研制完成的，主要用于航空发动机零件的加工。数控系统先后历经了电子管、晶体管、小规模集成电路、大规模集成电路和微处理器五个重大的发展阶段。我国第一台数控机床是在 1958 年由清华大学研制的，1966 年我国诞生了第一台用直线—圆弧插补控制的晶体管数控系统，1970 年年初集成电路数控系统研制成功。现代的数控机床在各工业强国的制造业领域已经普及，主要用来进行复杂、精密、单件小批量及多变零件的加工。

数控在国家标准中的定义是"用数字化信号对机床运动及其加工过程进行控制的一种方法"。现代数控机床是集高新技术于一体的典型机电一体化加工设备，其工作原理和组成如图 0-1 所示。

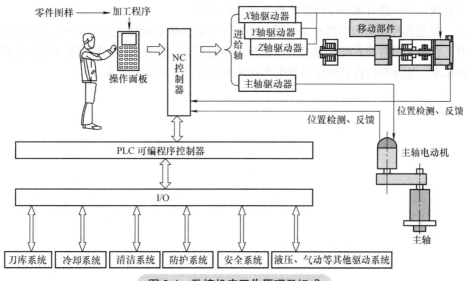

图 0-1　数控机床工作原理及组成

具体来说数控机床有以下三种定义。

1）数控机床是一种综合应用计算机技术、自动控制精密测量和机械设计等方面最新成果而发展起来的一种典型机电一体化产品。

2）数控机床是通过电子计算机或专用电子计算装置对数字化信息进行处理而实现自动控制的机床。

3）数控机床是一个装有程序控制系统的机床，可以逻辑地处理用编码指令形式规定的程序。

数控机床是制造业的加工母机，是国民经济的重要基础。它为国民经济各个部门提供装备和手段，具有无限放大的经济与社会效应。切削加工类数控机床的加工过程能按预定的程序自动进行，消除了人为的操作误差，实现了手工操作难以达到的控制精度，加工精度还可以用软件来校正和补偿。因此，该类数控机床可以获得比机床精度还要高的加工精度及重复定位精度；工件在一次装夹后，能先后进行粗、精加工，配置自动换刀装置后，还能缩短辅助加工时间、提高生产率；由于机床的运动轨迹受可编程的数字信号控制，因而可以加工单件、小批量且形式复杂的零件，生产准备周期大为缩短。

SINUMERIK 808D Advanced 是由西门子公司推出的一款紧凑型数控系统，集 CNC、PLC、操作界面以及轴控制功能于一体，通过 Drive-Bus 总线与全数字驱动 SINAMICS V70 实现高速可靠通信，PLC 的 I/O 通过本地 I/O 和分布式 I/O，不需要额外配置；支持车、铣工艺应用，可选水平、垂直面板布局和两级性能，满足不同安装形式和不同性能要求的需要；完全独立的车削和铣削应用系统软件，可以尽可能多地预先设定机床功能，从而最大限度减少机床调试所需时间。

SINUMERIK 808D Advanced 有两款系列产品，分别是 SINUMERIK 808D Advanced T、SINUMERIK 808D Advanced M。它们可以支持车、铣工艺应用，满足不同安装形式和不同性能要求的需要。SINUMERIK 808D Advanced T 是 SINUMERIK 808D 系统家族中的基本版，结合 SINAMICS 驱动和电动机的使用，是为现代标准车床量身定制的解决方案，并且除了可以进行车削操作外，还支持在端面和柱面上的钻削和铣削加工，可以确保机床用最短的加工时间获得最佳的加工精度。此外，车削工艺还支持车铣复合和磨削工艺。SINUMERIK 808D Advanced M 主要针对数控铣床设计，支持各种钻铣工艺，同时也能在圆柱形工件上进行加工，针对模具加工应用也有良好表现，是一款有很高性价比的普及型数控系统。

但是，无论数控系统的功能有多么强大，要想使数控机床能够完全符合加工制造的要求，都需要针对工艺要求对数控系统和数控机床进行完美的调试。数控机床的使用和调试技术都是复合型的应用技术，这就对数控机床使用和生产调试人员提出了更高的要求。

第1章
CHAPTER 1

认识数控机床

本章目的

1）从外部了解数控机床的功能、用途、操作现象和工艺结构。
2）了解机床轴、通道轴、几何轴（坐标轴）和坐标框架。

本章导读

　　机床最重要的功能就是提供零件加工所需要的主运动和进给运动。车铣类加工机床的主运动一般是主轴旋转，进给运动可能是多个坐标轴和回转轴的合成运动。工件随主轴做旋转主运动，刀具做进给运动的叫作车床，如图 1-1 所示；刀具做旋转主运动，工件或主轴做进给运动的叫做铣床，如图 1-2 所示。随着零件结构复杂程度的增加，车、铣功能往往在同一台设备上复合，以车床结构为主，兼有铣削功能的叫作车铣复合；以铣床结构为主，兼有车削功能的叫作铣车复合。机床的主要功能是由"轴"支撑的。实体的"轴"指的是进给机构的机械结构，在 SINUMERIK 808D Advanced 系统中被定义为机床轴。一般情况下，1 个主轴和 1 个进给轴就能构成一个切削加工机构；2 个机床轴可构成 2D（平面或柱面）加工机构；3~5 个轴可构成 2.5D 或 3D 加工机构。在数控系统中一个加工机构占据一个"通道"，通道由若干个机床轴构成，通道轴构成工件坐标，所以通道轴又被称为坐标轴。由"轴"又引出了坐标的概念，编程时是按工件坐标编程的，而系统驱动一个轴时是按机床坐标控制的，其中有一个坐标偏置的过程（功能）。

图 1-1　车床结构

图 1-2　铣床结构

　　本章内容包括认识零件加工部位结构和认识机床的轴。零件表面是切削刃切过后留下的，这包含两条关键信息。

　　1）切削刃和已加工表面的位置关系是曾经相切。

2）切削刃和零件接触的点耦合着所有切削状态和切削事件。观察零件加工部位结构，目的是要抓住切削刃和零件的关联关系，分析切屑经前刀面从毛坯上剥离下来的过程，找出加工任务对机床提出的要求，得到 PLM 解决方案。观察数控机床的轴，目的是理解轴的运动在持续切削过程中所起的重要作用，并从中了解零件结构工艺性对机床轴的运动及力学性能提出的要求。同时通过参观现有的数控机床，了解数控机床的操作功能、操作界面和正常的操作现象，从而熟悉数控系统提供的功能和软硬件组件，进而为后续的功能调试和参数设置工作设立目标。

现场排除故障时往往先考虑加工问题，再分析设备问题。本章只专注机床装调技术，切削过程内容暂时不展开研究。

1.1　加工对象和调试

本节内容

1）了解零件结构和加工方法，如图 1-3 所示。

2）了解数控机床调试内容。

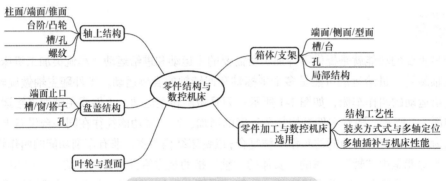

图 1-3　零件结构与数控机床选用

1.1.1　零件结构

1. 车削件

车削件都是回转体，主要分为轴类和盘类两类，如图 1-4a 所示，轴类零件主要用来安装轴上零件，其轮廓以外部结构为主。复杂的轴也可能带有一些轴内结构。轴上零件主要有传动件、支承件。盘类零件主要结构是孔、台阶、辐板和轮。

a) 轴和轴上零件　　　　　　　　　b) 箱体零件

图 1-4　典型机械零件

　　表1-1列出了车削件主要加工部位结构的图样、加工方法、控制模式和机床轴的几何精度要求。从表1-1中可以看出，车削件的轮廓要素主要是母线上的水平线、垂直线、斜线和圆弧。轴和轴上零件的结构要素都可归结为端面、柱面、台阶面、环槽、螺纹等。数控车床有 X 和 Z 两根坐标轴，基本结构加工一般只需单轴直线控制。端面和槽的车削通过 X 轴直线控制实现；内、外圆柱面车削和钻孔通过 Z 轴直线控制实现；两轴插补可加工锥面和弧面结构；螺纹切削需要主轴和 Z 轴插补完成。零件精度来自主轴和坐标轴相关的几何精度。

表1-1　车削零件加工部位基本结构和机床轴的关系

零件轮廓要素和机床结构	几何要素	加工方法	控制模式	机床轴几何精度要求
车削件：主要分为轴类和盘盖类零件   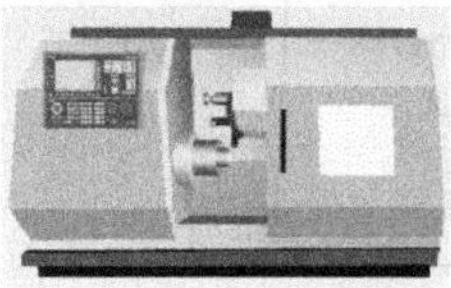	柱面		X轴直线控制；主轴恒线速控制	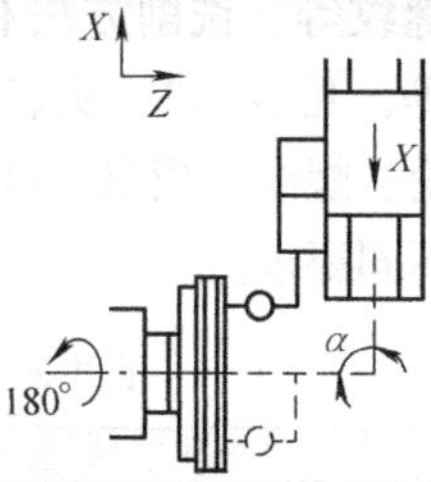
	端面		Z轴直线控制	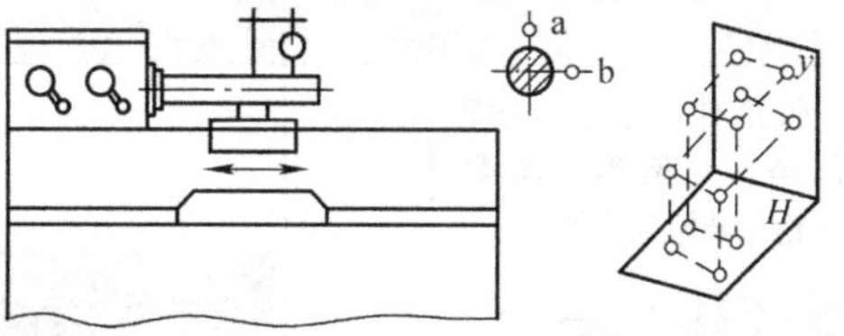
	环槽		X轴直线控制	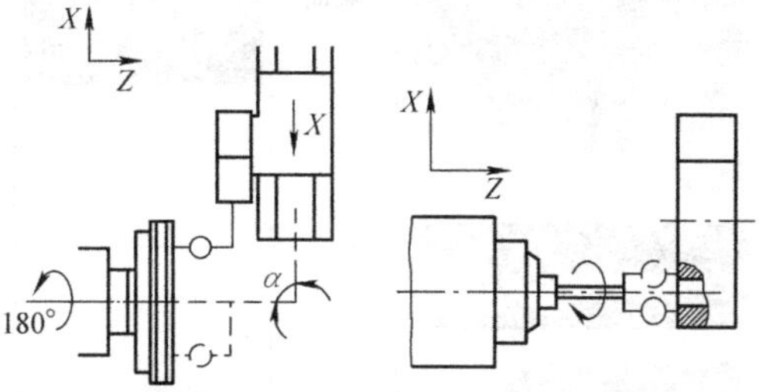
	螺纹	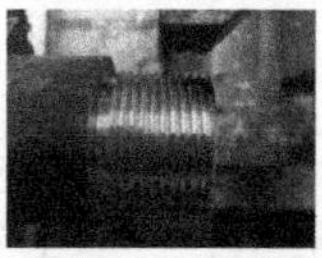	S-Z插补轮廓控制	主轴位置编码器 Z轴和主轴加速度匹配
	中心孔		Z轴直线控制	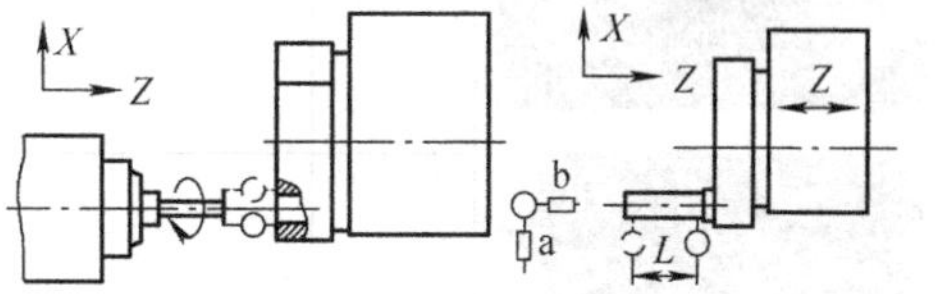
	内圆面	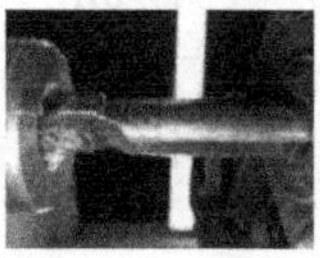	Z轴直线控制	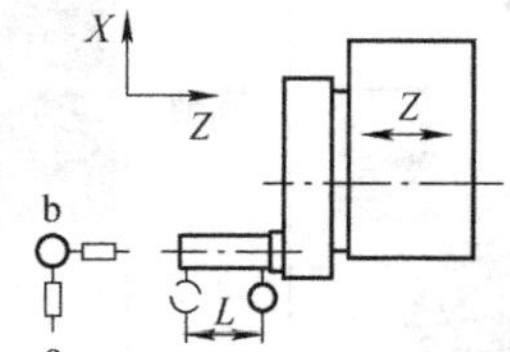

机械零件加工时，机床的几何精度和刚性保证了尺寸和形状精度、位置精度；各轴的性能匹配保证了零件轮廓精度；主轴和进给轴综合性能保证了表面质量。要保证端面平面度和粗糙度需要约束主轴轴向圆跳动和轴向窜动，以及 X 轴和主轴轴线的运动垂直度；要保证圆柱度需要约束 Z 轴拖板对主轴轴线的平行运动精度；环槽和切断的顺利完成要求同时保证 X 轴与主轴轴线的运动垂直度和刀具安装基准面与主轴轴线的垂直度；钻孔和镗孔要求刀具安装基准面与主轴轴线的垂直度和刀具安装孔轴线与 Z 轴运动轴线的平行度。

2. 铣削件

铣削件一般是箱体类、支架类、盘盖类零件等，加工凸轮、齿轮等轴上结构也可能采用铣削方法，如图 1-4b 所示。铣削部位结构可归结为端面、侧面、槽（方槽、圆槽、键槽、T 形槽）、凸台、孔、螺纹等。铣削方法有面铣、侧铣、槽铣、坡铣、插铣、钻孔、镗孔、攻螺纹、轮廓铣、螺纹铣等，见表 1-2。从表 1-1 和表 1-2 可以看出，机械零件的加工多数情况下采用直线控制模式。凸轮、螺纹、模具、叶轮等加工时才使用轮廓控制。每种加工方法都对机床轴的配置和装调提出了不同要求。

表 1-2　铣削零件加工部位基本结构和机床轴的关系

零件轮廓要素和机床结构	几何要素	加工方法	控制模式	机床轴几何精度要求
铣削件：主要包括箱体类、支架类、盘类、凸轮、叶轮等零件  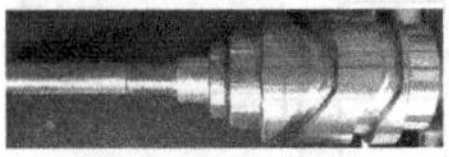    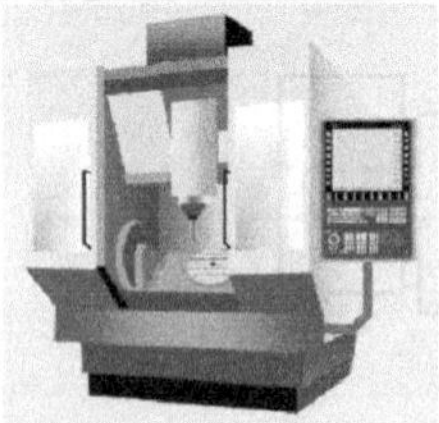	端面		X 或 Y 轴直线控制	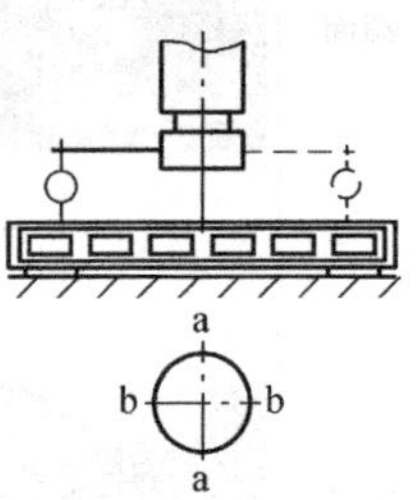 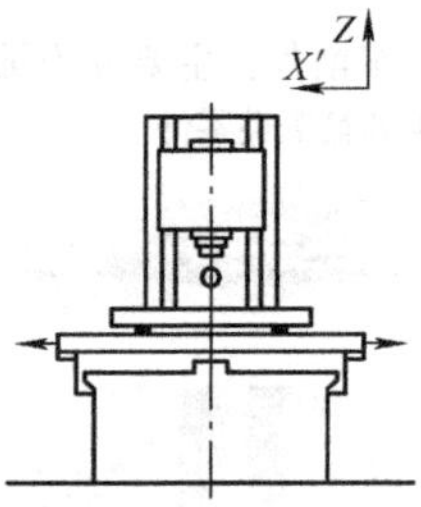
	侧面	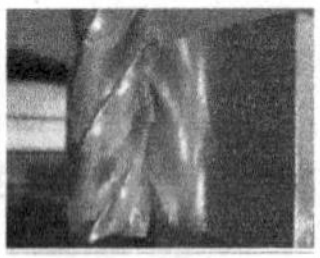	X 或 Y 轴直线控制	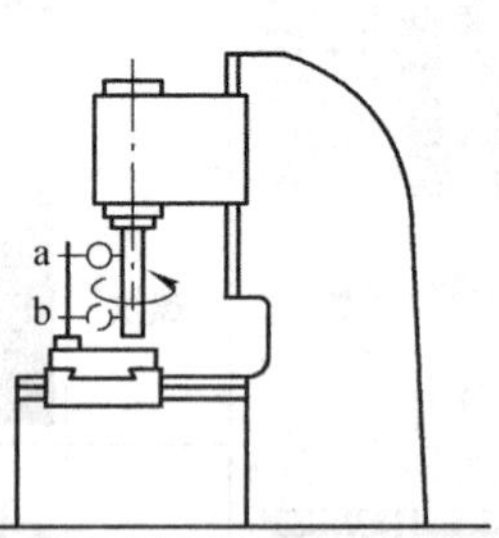
	圆槽		X 或 Y 轴直线控制	 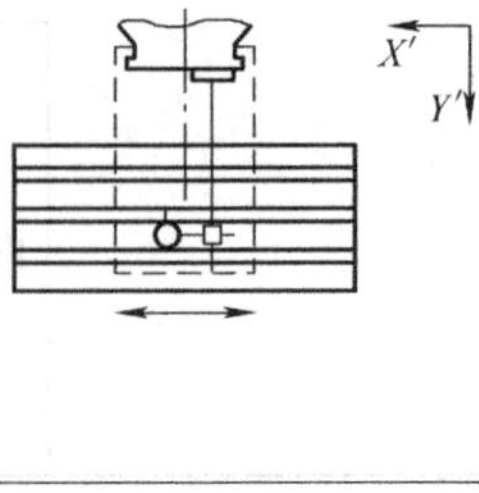

（续）

零件轮廓要素和 机床结构	几何 要素	加工方法	控制 模式	机床轴几何精度要求
铣削件：主要包括箱体类、支架类、盘类、凸轮、叶轮等零件  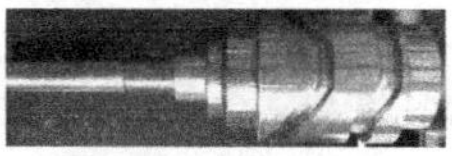   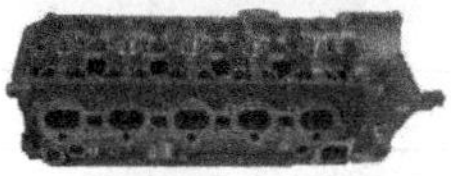 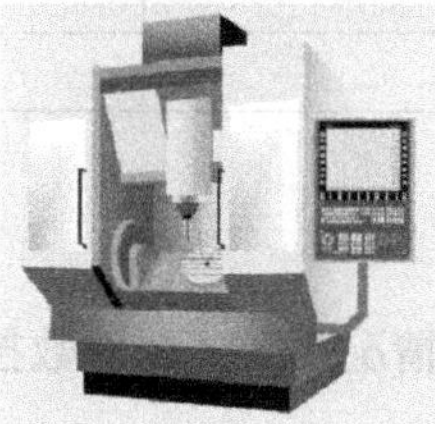	T形槽		X 或 Y 轴直线控制	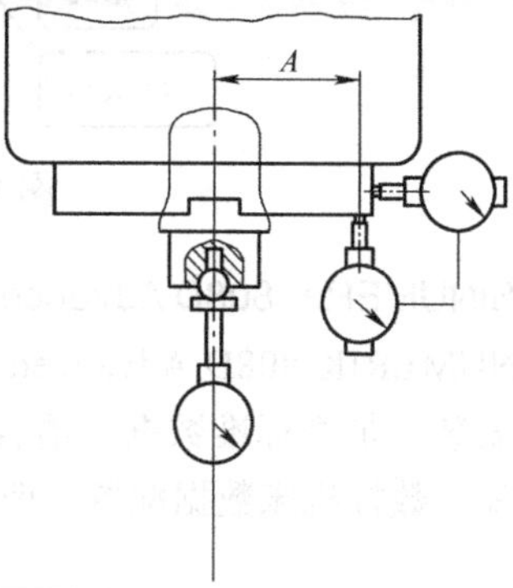
	通孔		Z 轴直线控制	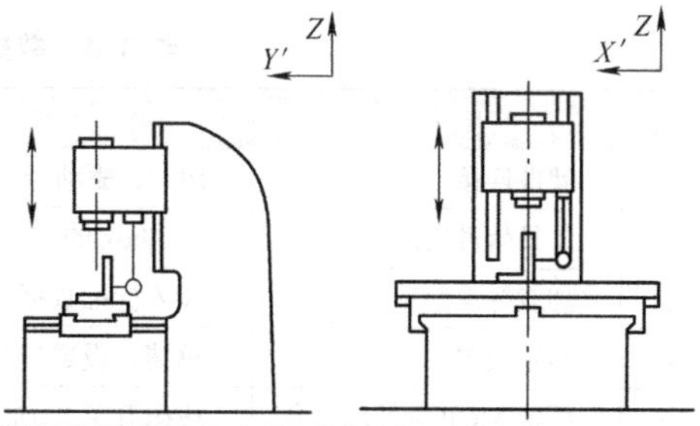
	凸轮		X-A 插补轮廓控制	
	相贯孔系		五轴定位	
	模具、叶轮（S试件）	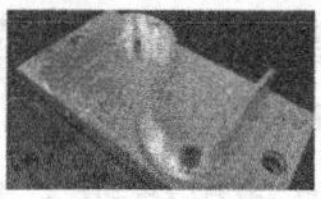	五轴插补	

1.1.2　数控系统装调工作内容

零件决定了数控系统装调的具体工作内容和要求。由零件的尺寸、结构复杂程度、批量决定加工方式、机床形式、操作调试要求；由零件各方向的尺寸决定机床的各轴行程；零件基准要素和几何精度要求决定夹具形式、装夹次数或机床的回转轴数；摆头可以解决切削平面与零件型面不相切的问题，一个回转轴可以解决一个方向的摆头问题，两个回转轴可以解决所有方向的摆头问题；加工性能要求决定轴的选型，同时也决定了各项性能指标和装调方法，具体如图1-5所示。

图 1-5　数控系统装调工作思维导图

1. SINUMERIK 808D Advanced 数控系统调试顺序

SINUMERIK 808D Advanced 数控系统调试内容及顺序包括：数控系统硬件连接检查，工具软件安装，加载标准数据，语言、口令、时间设置，配置 MCP 及外围设备，配置驱动，数控轴分配，数控机床数据配置，驱动优化，创建数据管理等。数控系统调试内容及调试顺序见表 1-3。

表 1-3　数控系统调试内容及调试顺序

步骤	工作名称	工作内容	备注
1	硬件连接	PPU、驱动器、PP72/48、MCP 连接	
2	工具软件安装	Toolbox 的安装	
3	加载标准数据	装入标准数据	
4	初始设置	总清，设置口令、语言和时间	
5	配置 MCP 及外围设备	拨码开关 S1/S2 设置，MD12986[4]=−1，MD12986[6]=−1，PLC 程序下载	
6	配置驱动	激活驱动使能	
7	数控轴分配	轴参数设定	
8	数控机床数据配置	丝杠导程，传动减速比	
9	设置参考点	机床回零设置	
10	驱动优化	电气参数与机械参数匹配	
11	数据备份	机床数据管理	

2. SINUMERIK 808D Advanced 数控系统调试内容

（1）数控系统硬件连接检查　在保证数控系统各种电压等级供电正常的情况下，还要对数控系统硬件连接进行可靠性检查。数控系统硬件连接检查包括以下方面。

1）PPU 接口连接。PPU 接口连接的检查内容包括以下方面：

① PPU 通过 Drive-CLIQ 接口与驱动电源模块、电动机模块（书本型）的连接，或与 Combi 驱动器模块接口的连接，或与集线器 DM20 的连接，或与轴控制扩展模块 NX10 的连接。

② PPU 通过 Profinet 接口与 PP72/48 I/O 模块、机床操作面板 MCP 之间的连接。

③ PPU 通过 X1 接口与 DC 24V 电源的连接。

④ PPU 通过 X122 接口与 OFF1、OFF3 使能信号的连接。

⑤ PPU 通过 X143 接口与手轮的连接。

2）驱动器接口连接。驱动器接口连接的检查内容包括以下方面：

① 驱动器 AC 380V 电源输入接口连接。

② 驱动器伺服电动机电源输出接口连接。

③ 驱动器与 PPU 之间 Drive-CLIQ 接口 X200 连接。

④ 驱动器电动机编码器反馈接口 X202/X203 连接。

⑤ 驱动器 DC 24V 电源接口 X24 连接。

⑥ 驱动器 EP 使能接口 X21 连接。

3）PP72/48 接口。PP72/48 接口连接的检查内容包括以下方面：

① DC 24V 电源接口 X1 连接。

② Profinet 接口 X2 连接。

③ 输入输出信号接口 X111/X222/X333 连接。

4）MCP 机床操作面板接口连接。机床操作面板 MCP 接口连接的检查内容包括以下方面：

① PPU 或与 PP72/48 连接接口 Profinet 连接。

② 用户专用的输入接口 X51、X52、X55（如用于 HHU 手轮轴选、倍率等输入信号）和输出接口 X53、X54 连接。

（2）工具软件安装、加载标准数据 安装工具软件，包括调试数据、PLC 编程工具和 StartUp-Tool 驱动调试软件，完成后即可加载标准数据。根据数控机床工艺范围，如数控车床、数控铣床加载标准数据，以适合加工工艺要求。加载标准数据实际上是对数控系统进行出厂设置。加载标准数据操作流程如图 1-6 所示。

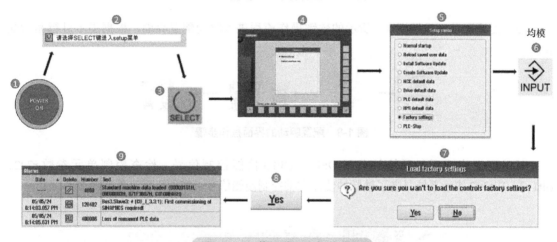

图 1-6 加载标准数据操作流程

（3）数控系统初始设置 数控系统初始设置包括语言、口令、时间设置，具体如下。

1）将语言设置为用户熟悉的语言，如简体中文。

2）为了方便调试，将口令设置为"SUNRISE"，获得制造商权限。

3）设置正确时间：年、月、日、小时、分钟、秒。

（4）配置 MCP 及外围设备

1）正确设置 MCP 拨码开关位置。将 S2 拨码开关 7、9、10 拨至 ON；将第一块 PP72/48DPN 拨码开关 S1 中的 1、4、9、10 拨至 ON，将第二块 PP72/48DPN 拨码开关 S1 中的 4、9、10 拨至 ON。

2）设置系统参数。MD12986[6]=-1（激活 MCP），MD12986[0]=-1（激活第一块 PP72/48DPN），MD12986[1]=-1（激活第二块 PP72/48DPN）。

3）编写数控系统 PLC 程序的控制面板子程序 NC_MCP、机床操作面板手动控制子程序 NC_JOG_MCP 部分，主程序中调用子程序，将程序下载至数控系统，启动 PLC 程序，如图 1-7 所示。

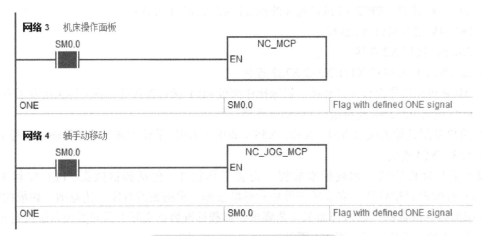

图 1-7　激活机床操作面板子程序

（5）配置驱动　按照图 1-8 所示的软键操作流程进入驱动配置界面，根据提示进行驱动配置。

图 1-8　配置驱动的界面操作步骤

驱动配置完成后，系统加载了 OFF1、OFF3 使能控制信号，检查控制单元参数 r722，Bit1=1、Bit2=2 表示系统具备了轴脉冲使能和轴控制使能信号，如图 1-9 和图 1-10 所示。

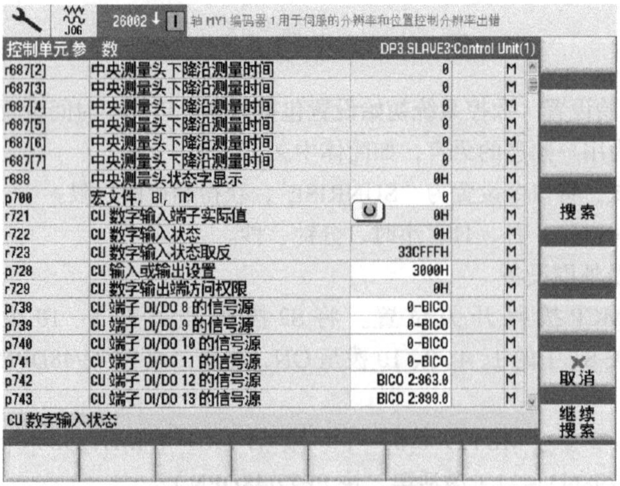

图 1-9　参数 r722 状态检查 1

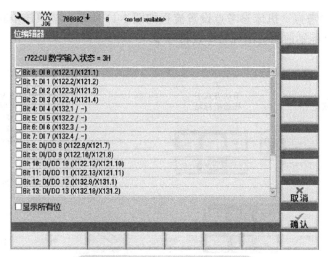

图 1-10 参数 r722 状态检查 2

（6）NC 轴分配 驱动配置完成后，针对机床各轴通过参数设定进行轴分配，NC 轴分配参数设定见表 1-4，NC 轴分配完成后，JOG 方式下各坐标轴便可以运行了。

表 1-4 NC 轴分配参数设定

参数号	参数含义	设定值示例			
MD30110	给定值：驱动器号 / 模块号	参数位 [0]	SP 1	X 2	Y 3	Z 4
MD30130	给定值：输出类型	参数位 [0]	SP 1	X 1	Y 1	Z 1
MD30220	实际值：驱动器号	参数位 [0]	SP 1	X 2	Y 3	Z 4
MD30240	编码器类型	参数位 [0]	SP 1	X 4	Y 4	Z 4
		注：1—增量编码器；4—绝对编码器				
MD31020	编码器每转脉冲数	参数位 [0] [1]	SP 2048 2048	X 512 2048	Y 512 2048	Z 512 2048

（7）NC 机床数据配置 NC 轴分配完成后，就可以根据机床的部件参数配置相应的机床数据了，见表 1-5。

表 1-5 NC 机床数据配置

参数号	参数含义	参数设定说明
MD31030	丝杠螺距	进给轴丝杠实际导程
MD31050	齿轮箱分母	电动机端齿轮齿数（减速比分母）
MD31060	齿轮箱分子	丝杠端齿轮齿数（减速比分子）
MD32100	电动机正转（出厂设定） 电动机反转	1 −1
MD34200	绝对值编码器位置设定	接近开关作为主轴定向信号

（8）设置机床参考点　机床参考点设置流程如图 1-11 所示，按照该步骤操作完成后，便建立了机床参考点，坐标轴前面会出现参考点符号⬦。

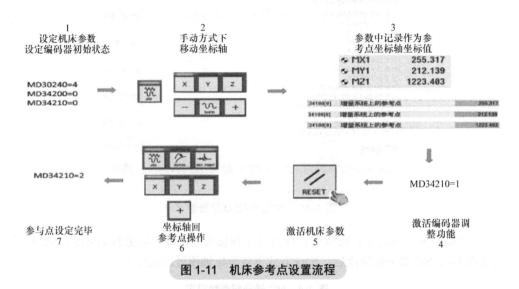

图 1-11　机床参考点设置流程

（9）伺服优化　为了让机床的电气和机械特性相匹配，得到最佳的加工效果，在数控系统功能调试结束后，需要对各轴进行伺服优化。伺服优化流程如图 1-12 所示。

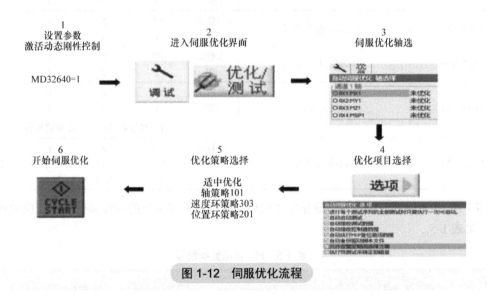

图 1-12　伺服优化流程

（10）机床数据备份　机床调试完成后，为了防止数据丢失，应对调试好的机床数据进行备份，备份流程如图 1-13 所示。

图 1-13　机床数据备份流程

1.2 认识数控机床的轴

本节内容

1）从实际机床认识机床轴。

2）了解机床轴的使用性能。

要想认识数控机床，必先从产品全生命周期管理（PLM）的视角，重新认识机床的核心——机床轴（见图1-14）。

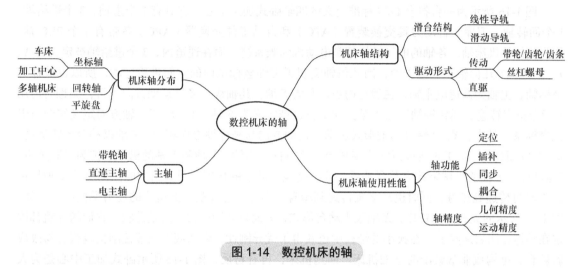

图 1-14　数控机床的轴

1.2.1　机床轴的分布

机床轴包括主轴、进给轴、回转轴和辅助轴。各轴按一定形式分布，构成形形色色的机床。各轴固有其坐标位置，在机床制造时设定并调整了参考点位置，一旦回零，便确定了机床坐标。在机床坐标内，数控系统对每个轴进行位置控制和速度控制，实现了数控加工。零件装夹后，其在机床坐标内的位置就确定了。但机床坐标值并不一定直接反映零件上的尺寸。为了方便操作人员编程和监控，数控系统将机床轴组织在通道内，构成工件坐标。经过测量确定零件在机床坐标中的位置，用系统提供的坐标偏置设置手段，使工件坐标中的坐标值和零件实际尺寸一致。通常X轴、Y轴、Z轴等都是机床轴在工件坐标系中的名称。此外，多轴机床具有分别绕X、Y、Z轴旋转或摆动的A、B、C轴；复杂机床具有分别平行于X、Y、Z轴的U、V、W轴。机床轴的分布形式主要有动台和全动两种。动台轴指台面载着零件做进给运动的轴布局方式。这种布局可构成并联机械阻抗系统，被许多机械零件加工机床采用。全动轴是指主轴参与所有进给运动，工件无须移动的布局方式。构成串联机械阻抗系统，对要求高动态的轮廓控制机床有益。

1. 数控车床

图1-15所示为一台重型卧式车床，具有前置刀架、可

图 1-15　重型卧式车床

分度头架、尾架、中心托架。一般车床横轴为 X 轴，能够沿半径运动，加工时零件直径的变化量是 X 轴进给量的两倍。纵轴为 Z 轴；主轴为 S 轴，绕纵轴旋转。车削中心带有多个主轴，如第一主轴 S_1，刀具主轴 S_2，有的带有尾架主轴 S_3；有的车床主轴带分度功能，主运动时称为 S 轴，分度时称为 C 轴；车铣复合机床带有 Y 轴，刀具可离开母线平面，结合丰富的固定循环可支持柱面凸轮和其他轴上铣削结构的粗、精加工；可摆头的车铣复合机床带有 B 轴，支持 5 轴加工；重型机床附件繁多，一旦配上铣削附件，马上构成车铣复合机床，除 S_3 轴以外，上述其余轴都可能用上；双刀塔车床或双臂立式车床配有双通道，拥有两套坐标轴。

2. 加工中心

图 1-16 所示为一台符合 DIN 标准定义的四轴卧式加工中心。它具有 1 个主轴、3 个进给轴、1 个回转轴，刀库、自动刀具交换装置（ATC）和自动工件交换器（APC）各带有 1 个 PLC 轴。作为实体的机床轴，各轴的电气结构都是电动机伺服系统。而在通道内，3 个进给轴被定义为 X、Y、Z 这 3 个几何轴，在通道中，因几何轴实现了工件坐标系内的空间进给运动，所以也被称为坐标轴；主轴为高速电主轴，在通道内被定义为 S 轴，其轴线与 Z 轴运动方向平行，编程时可用 S 指令指定转速；回转轴轴线与 Y 轴方向平行，被定义为 B 轴。X、Y、Z 3 轴方向定义符合笛卡儿坐标系。其中，X、Y 轴以动轴形式运动，运动方向与坐标轴方向相同，Z 轴以动台形式运动，运动方向取反。X、Y 轴构成巨大十字滑台，获得良好刚性。X 轴和 Y 轴的机械阻抗为串联关系，Z 轴和 X、Y 轴的机械阻抗为并联关系。这就是说，动态的切削力及其引起的振动将从 Y 轴传递到 X 轴再传递到床身，同时也从 Z 轴传递到床身。实际已经反映了此机床的动力学模型。又如，图 1-17 所示的立式高速铣床，X 轴采用动台形式，Y 轴为动轴形式，两轴并联，它们的导轨都固定在整体花岗岩床身上，在狭小的结构中也获得了优异刚性。台面底下三棱柱结构也很容易改成斜转台，可构成非常紧凑的五轴机床。回到机床，再看材质，图 1-16 所示卧式加工中心是为大型零件强力切削设计的，采用大型钢结构，追求高刚性和高强度；图 1-17 所示高速铣床是为高速铣削设计的。切削过程中很少有热传导的机会，大量切削热会随切屑落到床身，必须采用整体花岗岩追求优良的热稳定性，同时获得高刚性。

图 1-16　四轴卧式加工中心

图 1-17　立式高速铣床

可见，在产品和数控机床的并行研发过程中，应按如下步骤进行：考虑零件加工要求，得出加工方案→根据加工方案确定机型设计目标→设计机床轴→考虑动力学、热力学方面的性能，进行结构设计→进行机电系统虚拟装配、调试、参数配置→实体生产，最后得到预期的机床。值得注意的是，这并不是最终目的，而是整个 PLM 生产过程中的一个并行分支。

3. 多轴机床

多轴机床普遍应用于模具、凸轮、叶轮、齿轮、曲轴等具有复杂轮廓或较高联动控制要求零件的生产。严格地说，多轴机床应该是除 X、Y、Z 轴外，至少还有一根回转轴参与多轴联动加工的机床。例如，图 1-2 所示的是一台摇篮式五轴加工中心，五轴五联动，属于多轴联动机床。图 1-16 所示为四轴卧式加工中心，四轴四联动，它和图 1-18 所示的落地镗床（七轴四联动），都具有一个 B 轴，能够一次装夹加工周向各面，也满足四轴插补加工条件，因此也属于多轴机床。从这两台机床的配置还能看出，机械零件加工机床更多的是利用多轴机床进行多轴定位加工，减少装夹次数，以提高加工效率和精度。

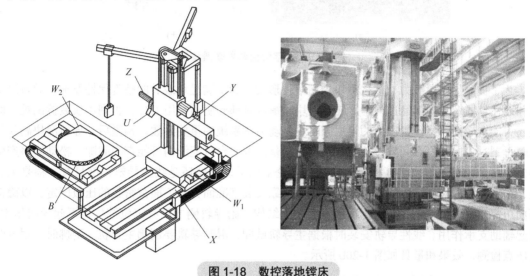

图 1-18 数控落地镗床

此外，图 1-18 所示的落地镗床还有一个平旋盘，即 U 轴，直接用作超大盘铣刀，就是侧面铣削利器；若边旋转边径向进给，配合 W_1 轴，还可进行局部回转轮廓结构的镗、锪插补进给或套车加工。这是 U 轴独特的功能，也属于联动控制。使用时应将镗杆（Z 轴）全部退回，以免发生干涉。因零件局部结构加工和整体结构加工并不使用同一刀具路径，需要时可将 U 轴和 W_1 轴配置在第二通道，或利用通道轴借用语句在第二通道编程加工；不用时要将其停泊在初始位置，并封锁驱动使能，以保证安全。可见，U 轴的使用需要一系列特定的控制，需要 PLC 和数控系统协调完成。

1.2.2 机床轴的结构

数控机床实际是一个动力学系统。在动力学系统中，只要符合共同的数学模型，各环节的物理结构（包括机械结构、电气结构、软件结构）就是可以相互替代的。于是，数控机床发展到现在，机械结构仅剩下床身和各机床轴了。本节的重点正是机床的轴，包括轴组成结构的认识，滑台、转台和传动结构的性能及装调方法。

1. 滑台的结构

滑台的主要部件是导轨，分为线性导轨和滑动导轨两种。采用线性导轨的滑台叫作线性滑台。十字滑台的结构如图 1-19a 所示，很容易找到线性导轨、导轨安装座、压板、滑块、滑块座、电动机法兰座、轴承座、丝杠、螺母等主要零部件。实际上十字滑台是由两个滑台上下垂直交错叠加而成的，构成一个串联阻抗系统。图 1-19b 所示是滑块卸下以后的样子，滚珠清晰可见（注意：不要仿照图 1-19 卸下滑块或螺母），线性导轨和滑块之间有两列或四列循环滚动滚珠，丝杠和螺母之间也有，滚珠一旦掉落就很难再全部装回去。

a)　　　　　　　　　　　　　b)

图 1-19　十字滑台和导轨滑块

为了提高导轨承载力，重载滑块采用滚柱形式；为了满足承载后的精度保持要求，导轨滑块副和线性丝杠螺母副都经过预紧。装拆滑块或螺母时都要使用专用工具；否则不仅装拆困难，而且还可能造成损坏。预紧产生的阻尼同时也是动力学系统的重要参数。预紧后，导轨滑块副和丝杠螺母副本身应该没有间隙，甚至有一定过盈量。但滑台装配结构可能存在间隙，松动后将产生误差。一个滑台一般由 2~3 根导轨支承。无论采用滑动导轨还是线性导轨，都只有一根是主导轨，起主要导向作用。线性导轨底部一侧面紧靠安装基准面，另一面被密集的压板固定，以确保侧向可靠定位，详见图 1-20a 所示左下角装配结构。副导轨侧方没有定位结构，不起导向作用，只起辅助支承作用。线性导轨安装时根据主导轨试配，滑动导轨要刮拚主导轨。刮拚时，用直线尺研点检测，效果和量具如图 1-20b 所示。

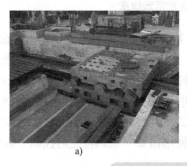

a)　　　　　　　　　　　　　b)

图 1-20　重载滑动导轨

重型机床的滑台可能要承受几十吨甚至几百吨的载荷。这样的载荷比一般螺钉的预紧力还大，滚子导轨很难承受。图 1-20a 所示为一台重型落地镗床的床身。滑动导轨在干摩擦条件下几乎无法移动，强行拖动会损毁导轨或传动机构。滑动导轨一般需采用静压润滑，靠油膜压力将滑台托起后才能移动。因为有油膜隔离，滑动导轨和滑台可以做到永不磨损。为了导轨各处静压压力平衡，导轨接合面多处开有油槽，分多点注入静压油，并要求各点注入压力平衡。图 1-20b 右上角有导轨面上的油槽。因台面又大又重，重量分布不均，静压调节具有一定难度，油膜厚度不均将导致破裂，滑台就难以移动。还有一种办法是在导轨、滑台接合面上贴上高分子耐磨塑料，将摩擦系数降到非常小。因高分子塑料具有自润滑性，可免装静压润滑系统，杜绝油污，不存在高难度的装调，还能获得几乎相等的动、静摩擦系数。

2. 机床轴的传动结构

数控机床加工机械零件时,大多数场合只需要使用直线控制模式。导轨除了承受机床部件的自重、运动时的惯性力、惯性扭矩外,还主要承受切削力。切削力可以分为主切削力、切深抗力和进给力。例如,车床进行外圆车削时切削力相对比较稳定,导轨正面承受主切削力,Z轴侧面和X轴传动机构承受切深抗力,X轴侧面和Z轴传动机构承受进给力;铣削时因为刀具和加工部位结构的位置关系经常发生变化,只要不垂直于导轨正面或侧面的切削分力,最后都传递到轴的传动机构上。若滑台没有足够的阻尼,传动机构没有足够的传动比,在切削时,振动力在二轴间有较强耦合,传递率就较高。又如,纯车外圆时,Z轴用作直线控制,X轴保持静止,在切深抗力持续作用下,轴位置随时会被推开,这时全靠电动机动态地把轴拉回原位。因此,十字滑台用作直线控制时,加工精度不仅受其本身几何精度的影响,而且至少还受其中一个轴动态性能影响。这就要求机床轴的传动机构具有足够动态性能或具有一定阻尼和传动比,轴向最好具有自锁性,杜绝各轴强耦合。这就是许多机械零件加工机床不采用全动轴,甚至还加装制动装置的原因。有些高精度磨床还采用螺纹滚柱丝杠、三角螺纹等传动部件,利用螺纹的自锁性把径向抗力的跨轴影响隔离开来。

3. 机床轴的传动形式

如图1-21所示,滑台的传动结构一般是滚珠丝杠,为提高传动机构承载力,有的丝杠采用螺纹滚柱形式;丝杠和电动机安装在各自的支座上,之间用联轴器连接;重型滑台可能采用螺旋传动或齿轮齿条传动。螺旋传动机构比较少见,但紧凑高效,装调方便,特别适合重型机床使用。轴向由可分离式内外螺纹传动,螺杆同时也是维持本身转动的传动齿轮。转台的主要零部件是轴承或弧形导轨,传动结构有蜗轮蜗杆、行星齿轮或谐波齿轮。随着直线电动机和力矩电动机的广泛应用,多轴机床的滑台和转台都出现了直驱形式,舍去了传动结构。这样,不仅提高了轴的动态性能,而且简化了机床的虚拟调试。

图1-21 传动机构的结构形式

4. 主轴的结构

机床的主轴是带动工件或刀具做切削主运动的轴。其机械结构主要由电动机和主轴两部分组成。对主轴电动机的性能要求,按切削应用类型(强力切削、高速切削、高功率切削),主要可归结为恒力矩调速范围、恒功率调速范围和调速比。对转轴的性能要求,主要从转速和刚度两方面评估。最高转速主要取决于转轴和所有轴上零件的制造精度、装配精度和质量平衡性;最高刚性主要取决于轴承选型、布置形式及预紧结构的设计与装调,如图1-22所示。按电动机与主轴的连接关系,数控机床的主轴又可分为齿轮式、带式、直结式和电主轴4种形式。前3种又称为机械主轴,后一种则是电动机和转轴合二为一。机械主轴实际就是一根由预紧轴承支承的空心台阶轴。台阶轴就是轴承预紧结构的一部分,轴上零件除了轴承、隔圈、预紧螺母,还有齿轮或带轮、键等，如图1-23所示。主轴部件在箱体孔系中定位后，用端盖固定。电动机通过传动结构驱动主轴部件，成为机床主轴。图1-24所示为车床主轴总体传动结构。

图1-22　线性模组和直线电动机比较

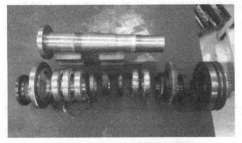

图1-23　主轴的内部结构　　　　　　　图1-24　车床主轴总体传动结构

加工中心主轴轴承预紧结构与车床主轴相似。此外，还包括拉刀机构（图1-25a）和打刀缸（图1-25b）。大家可以仔细观察车间里的加工中心，并尝试装卸一把刀，体会一下换刀过程。

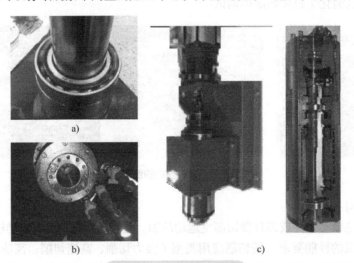

图1-25　铣床主轴结构

电主轴集成了带轮轴端接口的转轴、转子线圈、定子线圈、轴承预紧机构、冷却水套、编码器等所有部件，铣削用电主轴带有拉刀机构、回转缸和切削液管道回转接头（图1-25c）；车削用电主轴可接自动卡盘和回转液压缸。高速电主轴转速每分钟可达数万转，回转部件受到极大的离心力，许多零部件结构因此而改变。如轴承滚动体改为陶瓷材料，以减轻质量，减小离心力；抓刀的刀爪由外抓式改变为内撑式。

数控机床主轴的传动系统又分为直流调速系统和交流调速系统。直流调速控制方法非常独特，可通过调节电枢电压或励磁电流来实现变速。电动机转速从零到额定转速可调节电枢电压。此时电动机工作在恒转矩区，具有低速转矩大、精度高、调速比大、过载性能好等优点，特别适合重型机床粗加工强力切削。从额定转速到最高转速可调低励磁电流实现弱磁升速。此时，电动机在恒功率区，具有转速高、工作平稳等优点，特别适合零件精加工。图1-18所示的落地镗床主轴就使用了直流电动机。交流电动机通过改变供电频率改变转速，通过改变供电幅值改变输出转矩。交流伺服电动机具有和直流电动机相似的特性，因具有结构简单、控制方便、制造和维护相对容易等优点而被广泛采用。

1.2.3 了解机床轴的使用性能

1. 轴的功能

数控铣削类机床验收时，都会进行"圆棱方"试件的加工来进行工作精度的检验，根据加工效果分析机床轴的功能和精度，如图1-26所示。

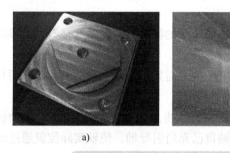

图1-26 "圆棱方"试件加工效果

该试件的加工需要数控机床具备以下所述功能的前6项。因此，在开始系统装调之前，充分了解系统的功能和调试方法是极其有必要的。如图1-27所示，SINUMERIK 808D Advanced功能说明书中有回参考点、行程监控、定位监控、轴速度监控的功能介绍。

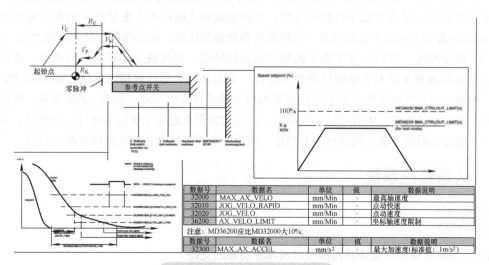

数据号	数据名	单位	值	数据说明
32000	MAX_AX_VELO	mm/Min	·	最高轴速度
32010	JOG_VELO_RAPID	mm/Min	·	点动快速
32020	JOG_VELO	mm/Min	·	点动速度
36200	AX_VELO_LIMIT	mm/Min	·	坐标轴速度限制

注意：MD36200应比MD32000大10%；

数据号	数据名	单位	值	数据说明
32300	MAX_AX_ACCEL	mm/s²	·	最大加速度(标准值：1m/s²)

图1-27 功能说明书内容举例

一台数控机床的常见功能如下。

（1）急停、回零与行程监控　新机床安装完毕后，必先调试急停行程限位和硬件行程限位，以免机床轴冲出行程发生危险。回零后便确定了机床坐标原点，机床坐标建立，软件限位随之生效。这里要特别指出，机床坐标原点的正确设置不仅是确定行程监控范围的基础，更重要的是实现实长化坐标偏置和对刀的必要条件，是实现虚拟加工到实体加工无缝连接的技术基础。

（2）定位　孔加工定位时要求轴定位控制。事实上，定位控制包括粗定位、精定位、准停和停滞4个过程。每个过程背后都有一个监控功能在支撑。

（3）速度、加速度控制　钻、镗、面铣、侧铣等需要直线控制。直线控制最主要是控制轴速度和轴加速度。实际上，轴速度和轴加速度是受电动机限制的。因此，在速度、加速度控制功能背后还有轴速度监控功能。

（4）插补　斜边和弧边的侧铣需要轮廓控制。轮廓控制依靠插补算法，高端数控靠函数发生器合成。插补轴会自动同步速度、加速度和倍率。而螺纹切削时倍率开关自动失效。

（5）刀具长度偏置　为了使所有刀具的刀尖都能抵达同一个位置，需要进行刀具补偿。车削刀具一般有两个方向的长度补偿。铣削刀具补偿分为长度补偿和半径补偿。需要特别指出，刀具长度偏置和坐标偏移是两回事。

（6）螺距补偿和反向间隙补偿　真实机床的制造和装配精度是有一定误差的。然而依靠螺距误差补偿，却能加工出精确的零件。

（7）同步　对于龙门轴之类的大型结构，需要两个电动机同步驱动，而且保证运动位置严格一致。

（8）耦合　一般指两个轴，一个充当引导轴，另一个充当联动轴，联动轴按点表曲线关系跟随引导轴运动。其实，螺距补偿就是轴自己充当引导轴，使轴实际位置通过螺距误差补偿表和指令位置耦合的情况。

2. 轴的精度

作为机床的坐标轴，其运动精度对加工有着直接影响。轴精度的高低需要从下面两个方面进行评价。

（1）几何精度　在保证试件可靠安装和刀具半径准确测量的基础上，底部台阶高度的一致性反映机床台面和X轴及Y轴导轨的平行度；台阶侧铣面之间的垂直度反映X轴和Y轴导轨的垂直度；底部台阶X方向和Y方向尺寸一致性反映两轴螺距精度、动态性能、反向间隙等的一致性。

（2）运动精度　四孔位置反映X轴和Y轴定位精度，也反映主轴径向跳动精度；圆台的圆度反映反向间隙和X轴及Y轴两轴增益一致性；菱台和圆台的外接精度反映二轴插补功能；顶部圆孔和圆台的同轴度反映X轴和Y轴导轨的插补精度和反向间隙。如图 1-26b 所示，铣削方式为顺铣，在过象限点时，因折返轴存在间隙，在稍过象限点处发生丝杠和螺母冲击事件，在弧面上留下一道过切痕迹。菱台和圆台完美相接，说明轮廓控制精度和轴几何精度都比较高。

1.3　认识数控系统

本节内容

1）了解数控系统功能涉及范围及对机床轴功能的支持。

2）了解数控系统功能在操作界面内的组织及操作体现。

本节导读

对数控系统的认识就是从机床操作对象和操作功能的认识开始的，如图 1-28 所示。在逐步认识了机床加工对象的结构和加工方法，了解了机床轴的结构、功能和机床加工性能的基础上，体验机床操作，就可以体会到系统内在功能在操作界面上的组织。再观察操作响应效果就可以预先了解到调试的目的，及操作对象和功能对象之间的连接和状态过程关系。从而更好地学懂数控系统装调。第二部分的实践内容就围绕系统功能及其操作展开，是后续学习功能连接和基于 PLC 编程的系统构建的基础。

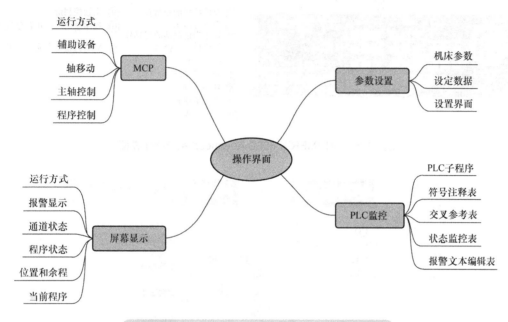

图 1-28 SINUMERIK 808D Advanced 操作界面

1.3.1 了解数控系统功能

1. 从MCP面板发现操作功能

快速操作一遍机床控制面板（MCP）上面所有的操作对象，从按键上发现操作功能是初学者快速入门的捷径。但需要注意的是，按程序启动键前，先将倍率开关调到 0%，并观察屏幕确认。

请在机床操作面板找到图 1-29 左下所示 MCP 面板。操作过程中结合机床动作和屏幕显示，体会诸如运行方式选择、辅助设备控制、轴移动、主轴控制、倍率调整等操作的响应。

2. 观察屏幕显示

屏幕的每个区域都用来显示系统功能信息。主要有运行方式、报警显示、通道状态、程序状态、位置和余程、进给倍率、轴状态、当前程序等。现在操作 MCP 面板上的按键时，请留意屏幕上图 1-30 所示区域的变化。

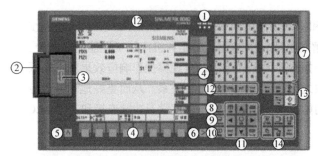

① 状态指示灯
② USB接口保护盖
③ USB接口
　 水平与垂直按键
④ 调用屏幕上对应的
　 水平/垂直软键
⑤ 返回键
　 返回上一级菜单
⑥ 菜单扩展键
　 调用扩展菜单项
⑦ 字母与数字键

⑧ 报警清除键
　 清除带有该键符号的报警与提示
　 信息在线向导键
⑨ 引导执行基本的调试与操作任务
　 帮助键
⑩ 调用帮助信息
⑪ 光标键

⑫ 组合键中使用的辅助键
⑬ 编辑控制键
⑭ 操作区域键

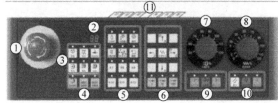

① 急停按钮的预留孔
② 刀具号显示
　 显示当前激活的刀具号
③ 操作模式选择区
④ 程序控制键
⑤ 用户定义键
⑥ 轴移动键
⑦ 主轴倍率开关
⑧ 进给倍率开关

⑨ 主轴控制键
⑩ 程序启动、停止和复位键
⑪ MCP按键的预定义插条

图 1-29　SINUMERIK 808D Advanced 系统操作界面

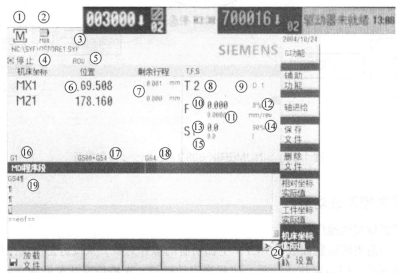

图 1-30　SINUMERIK 808D Advanced 屏幕监控

　　开机默认界面为加工操作界面，如图 1-30 所示，屏幕①区显示加工操作图标；③区可能有两条报警滚动显示。急停报警中还提示用复位键可取消急停。当急停解除，系统复位，④区出现复位图标，表示通道已复位。在④区总能查看到通道的状态。按 MCP 操作区域⑭里的任意键，屏幕将切换到对应界面，并且①区会显示当前操作界面图标；按 MCP 操作模式选择区③中任意键，屏幕②区显示运行方式；按 MCP ④区中任意键，屏幕⑤区显示程序控制状态；屏幕⑥区显示当前坐标位置，若处于回零模式，且回零刚完成，坐标值前会出现回零标志；拨动 MCP ⑧区倍率开关，屏幕⑫会显示当前倍率值，若倍率为 0，则轴运动停止，且④区会显示通道在等待倍率开关；点动 MCP ⑥区轴移动键时，屏幕上轴名称前会出现"+"或"−"符号，表示指令运动方向，同时⑥区显示当前坐标值；若正在执行定位指令，⑦区会显示剩余行程，这时可将倍率开关调零，创造仔细观察刀具位置和运动趋向的机会，以保证加工调试安全；⑩区显示当前轴进给速度；⑪区显示轴进给指令速度；按 MCP ⑨区的主轴正反转键，主轴转动，屏幕⑬区显示主轴实际转速，⑮区显示主轴转速指令值；调节 MCP ⑨区主轴倍率开关，⑭区显示主轴倍率值主轴实际转速发生变化，实际转速 = 指令转速 × 倍率；屏幕⑯区显示指令模态；⑰区显示生效的坐标系，这已经反映坐标偏置的概念了。⑱区显示定位监控模式。现在已经从表面窥到了系统的功能，这些内容很快就会出现在即将展开的调试中。

再进一步，在单轴点动时还有更多发现。我们拿出手机，连拍轴位置显示，如图 1-31 左图所示。画出每个时刻照片显示的轴位置，如图 1-31 右图所示。

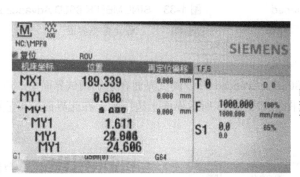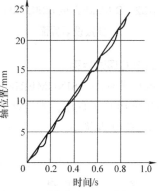

图 1-31　SINUMERIK 808D Advanced 轴点动过程

图 1-13 中横坐标为时间（每 0.2s 内有 8 个时间间隔），纵坐标为位置；斜直线是理论轴速度，曲线为轴的实际位置，曲线上任意两点间的斜率就是这段时间内的轴速度，曲线上任意点到斜直线的铅垂方向距离就是位置误差。本例中，相机每秒 40 帧，即 0.025s 1 帧，拍摄了 1s 左右时间内轴的点动过程。发现轴并不是始终都在运动的。例如，0.1s 时，轴初次加速后达到当时应该达到的位置，系统发现速度过快，稍作停顿，0.025s 以后跟随误差扩大，轴重新开始加速，又过了0.025s，跟随误差仍在扩大，轴继续加速，到 0.975s 时，终于又达到了理论位置，于是又开始停顿（轴名前的"+"号没了，且的确有两张照片显示位置没变），如此循环，逼近理论曲线。这说明轴是由位置误差驱动的，这正是伺服控制的原理。可见，通过观察和分析可直接看懂数控系统，从中学到技术，甚至可无师自通。

3. 熟悉参数设置界面

（1）机床参数界面　机床参数包括通用机床数据、通道机床数据、轴机床数据、驱动数据等。这些参数在系统调试界面里，需要制造商密码才能看到。图 1-32 就是在轴机床参数设置界面里设置绝对编码器参考点时屏幕显示的内容。

（2）设定数据　设定数据以 SD 命名，主要是关于加工的，操作人员会经常访问。操作界面在偏置设置界面中。SINUMERIK 808D Advanced 设定数据并不多，主要是加工中经常用到的，如图 1-33 所示。

（3）设置数据　设置数据在加工操作界面中，如图 1-34 所示，主要是轴的控制参数。

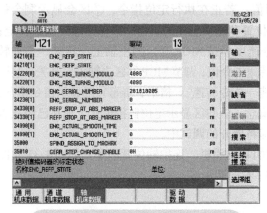

图 1-32　SINUMERIK 808D Advanced
参数设置界面

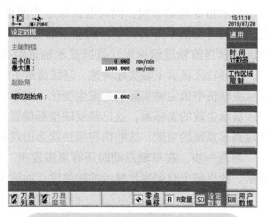

图 1-33　SINUMERIK 808D Advanced
设定数据界面

4. 熟悉PLC调试界面

（1）PLC 子程序　SINUMERIK 808D Advanced PLC 调试界面在系统调试界面里。可以在两个窗口中打开 PLC 子程序，查看梯形图，如图 1-35 所示界面上边所示。在此界面中可监控 PLC 运行状态和 I/O 触点状态。

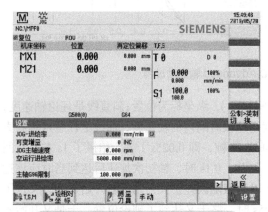

图 1-34　SINUMERIK 808D Advanced
设置数据界面

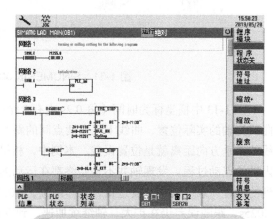

图 1-35　SINUMERIK 808D Advanced
PLC 调试界面

（2）符号数据表　在 PLC 调试界面里，可打开符号数据表，里面对各种 I/O 点、中间点、系统接口点、子程序的形式参数等有详尽的说明。这些注释包含丰富的软、硬件资源信息和功能信息，是编程人员留下的。认真做好符号注释，既能方便程序编写与阅读，又能方便了解整个系统。

（3）交叉参考表　反映触点或线圈的资源共享状况，也反映各子程序之间的关联。

（4）PLC 诊断　PLC 诊断界面分为状态显示界面和报警文本界面。故障诊断时可通过报警及其响应，从交叉参考表查到相关的点，再利用状态显示监控点的状态，监控和分析 PLC 程序，得出故障原因和排故方法。

（5）报警显示与报警文本编辑界面，如图 1-36 所示。

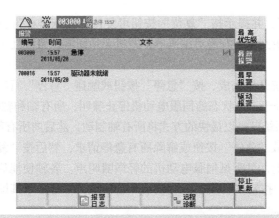

图 1-36 SINUMERIK 808D Advanced PLC 报警显示界面

1.3.2 熟悉操作界面

1）进行开机、急停解除、进给轴点动、主轴启停、倍率控制、超程处理等操作。

2）了解图 1-37 所示的数控系统主要功能，并结合说明书探究操作过程与系统功能的联系。

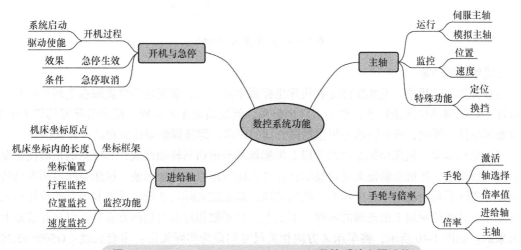

图 1-37 SINUMERIK 808D Advanced 数控系统主要功能

1. 开机

数控机床开机前，需要检查车间供电、供气、机床操作部件的完好性和周边安全状况。初次装调完成还要按低压电气规程检查机床配电及控制电路。这部分内容将在第 2 章中展开操作。这里先观察开机现象，如图 1-38 所示。

开机过程中，屏幕会出现启动界面，面板所有指示灯闪烁。开机完成后指示灯停止闪烁，面板右上方就绪指示灯常亮。屏幕出现起始界面，酷似 SINUMERIK 840D sl 系统开机界面；操作状态处于回参考点状态；通道状态处于停止状态；报警栏有

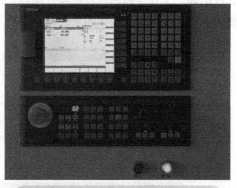

图 1-38 SINUMERIK 808D Advanced 数控系统开机完成状态

一条报警，显示"急停"，并提示按"复位"按钮可复位；机床坐标带有参考点标志，表示机床坐标已回原点。同时说明此机装有绝对编码器，开机无须回零，系统处于急停状态。

2. 急停

（1）急停生效　系统开机完成、按"急停"按钮或触碰"急停"行程开关，系统进入急停状态，显示急停报警，原处于工作状态的伺服电动机停止啸叫，所有轴和辅助装置停止动作。实际，当检测到急停操作时，系统已经以最快的方式将所有轴制动，然后向所有部件发出了急停信号。

（2）急停复位　释放"急停"按钮或解除所有急停请求，然后按"复位"按钮。很快，急停报警消失，各轴驱动使能，可听见伺服电动机的轻微啸叫声。各轴使能后进入手动方式，将进给倍率开关调到 0% 以上，按轴移动按钮，对应轴开始移动，屏幕显示其即时机床坐标值。急停复位的条件如图 1-39 所示。

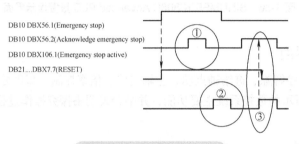

图 1-39　急停复位的条件

3. 进给轴的功能

在数控加工过程中，毛坯实际是在机床坐标系中定位的，而光坯零件就藏在毛坯里的某一确定位置。通过偏移机床坐标系，建立工件坐标系，就能确定光坯位置，精确引导刀具切去毛坯，获得光坯零件。因此，进给轴的应用包括两方面的内容，即坐标框架设置和监控补偿设置。

（1）坐标框架　机床坐标系由两个以上坐标轴甚至包括回转轴组成，其原点的正确设定至关重要，一旦设定，各机床轴便无条件显示其相对机床坐标原点的坐标值。机床空间内所有点的位置和尺寸实际都是由机床坐标确定的。换句话说，就是按实际尺寸设置零件和刀具的位置和尺寸就可以在正确的位置加工出正确的零件。事实上，对零偏和对刀的具体方法是可以在此基础上创造出来的。如图 1-40 所示，将车床 Z 方向相关尺寸均设为实际长度：卡盘长度（G500=95.35）、零件长度（G54=58.02）、刀具长度 2=24.8。结果发现，机床坐标值（MZ1=178.16）就等于这些长度的和，工件坐标原点就在零件端面。而出现这一神奇巧合的根本原因就是正确设置了机床坐标原点。大家可以按操作向导尝试一下对刀和对工件零偏的操作，并设法实现上述效果。

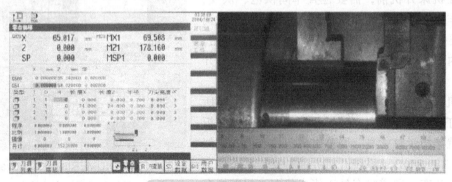

图 1-40　机床坐标内的长度

（2）监控补偿

1）行程监控。当机床坐标系和行程监控软限位设置有效，轴位置达到软限位时，会出现图 1-41 中报警行所示报警，同时禁止轴继续往超程方向移动。可按"复位"按钮消除报警。

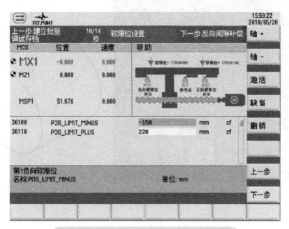

图 1-41　软、硬限位与行程监控

2）位置监控和速度监控。位置监控分粗定位、精定位、停滞、夹紧等几种。事实上，SINUMERIK 808D Advanced 数控系统由位置环、速度环、两个反馈环节和一个前馈环节组成。

3）螺距补偿和反向间隙补偿。螺距误差是连续的，可通过螺距补偿纠正。但反向间隙可能在轴折返时打破轮廓的连续性。如图 1-42 所示，上下两组曲线反映正反方向螺距误差，它们之间的间距就是反向间隙。反向间隙至少会使系统受到冲击，如"圆棱方"试件的过切痕迹就是实例，严重的还会引起系统振荡。

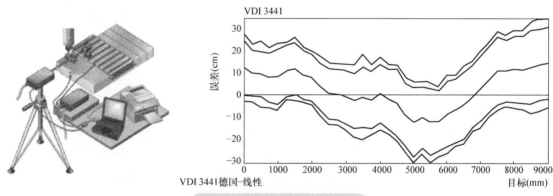

图 1-42　螺距误差和反向间隙

4. 主轴的功能

比较普通车床和数控机床，可以发现大部分数控机床的主轴已经没有了复杂的机械变速系统。即便有，也从原来的定速多级变速转变为挡位很少的分段无级变速。这就是数学模型兼容的物理结构被相互替代的结果。现在的数控机床的主轴输出转速和输入转速之间的关系不再是一个可选的常数，而是一个函数，因此功能远比以前机械结构强大。

主轴最基本功能就是正反转和调速，如图 1-43 所示，即正转（M3）、反转（M4）、停转（M5）和主轴转速（S）指令。此外，主轴还具有定位、分度功能、螺纹插补功能（后两项都需要第二编码器）。车床还具有恒线速切削功能，加工中心主轴还具有换刀功能。换挡时还有摆动功能。逐渐地，主轴有了许多种工作模式，其本身正在变成一个复杂系统。

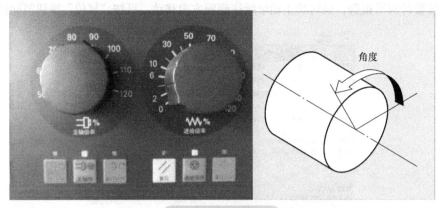

图 1-43　主轴控制

任务思考

1. 要让一台数控机床正常进行切削加工，需要保证机床的哪些条件？

2. 数控系统的操作和调整有哪些关联？

第2章
CHAPTER 2

数控系统的安装

2.1 系统启动准备

本节内容

1）认识 SINUMERIK 808D Advanced 数控系统硬件及选用方法。
2）掌握 SINUMERIK 808D Advanced 数控系统硬件安装方法。

本节导读

数控系统的配置及功能选择是设计和生产数控机床的重要组成部分。如何实现对数控系统的类型及相关功能的合理选择，是机床生产厂家和最终用户都普遍关注的重要问题。同样，在选配 SINUMERIK 808D Advanced 数控系统时，也需要根据实际机床机械配比和用户的需求情况去配置系统。本章给出 SINUMERIK 808D Advanced 数控系统车床及铣床的配置连接示例，为实际应用提供参考依据，让使用者一眼就能看见系统中所有将用到的模块，然后展开对各模块结构细节的认识，进而逐步完成系统装调。

2.1.1 认识系统硬件

1. 硬件概述

一般来说，系统的配置可以从系统功能需求、数字量输入输出点数、功率范围及电缆长度4个方面进行考虑。以下分别从 PPU、MCP、伺服电动机、驱动及电缆方面进行介绍。

PPU 就是 SINUMERIK 808D Advanced 数控系统的硬件，NC、PLC、HMI 和 I/O 全部集成在内。SINUMERIK 808D Advanced 系列数控系统有4款产品，分别是 PU150、PPU151、PPU160、PPU161。其中 PPU151、PPU150 为标准型，PPU161、PPU160 为高性能型。PPU160 为垂直版，PPU161 为水平版，操作面板如图 2-1 和图 2-2 所示。

图 2-1　SINUMERIK 808D Advanced
PPU150 和 PPU160 操作面板

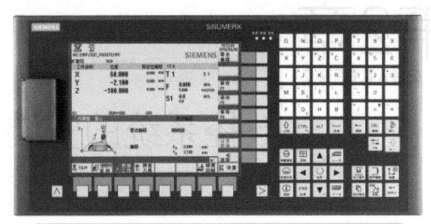

图 2-2　SINUMERIK 808D Advanced PPU151 和 PPU161 操作面板

2. 系统功能

SINUMERIK 808D Advanced 具有 8.4in（1in=25.4cm）LED 彩色显示器，800 像素 × 600 像素分辨率；针对车、铣工艺优化的键盘设计，覆盖有保护膜的机械式按键；前面板标配 USB 2.0 接口（IP65），支持 U 盘和 USB 计算机键盘背板；以太网接口，可以用于调试、网盘、远程监控和上位机的 S7 通信；CF 卡和以太网接口摒弃了电池、硬盘和风扇这些易损部件，真正做到免维护前面板，防护等级达到 IP65；数控单元和机床控制面板的卡扣安装维护方便、过程安全、LED 刀具号实时显示；带旋钮开关的机床控制面板，用于调节进给轴倍率和主轴倍率。该系统非常适合应用于机械零件加工机床，主要技术指标见表 2-1。

表 2-1　SINUMERIK 808D Advanced 数控系统主要技术指标

●标准配置 ○选件 —无此功能	SINUMERIK 808D Advanced			
	PPU15x.3		PPU16x.3	
	车削	铣削	车削	铣削
系统性能				
进给轴 / 主轴的基本数量	3	4	3	4
附加轴	○	—	○	○
进给轴 / 主轴的最大数量	4	4	6	6
插补轴的最大数量	3	3	3	4
连接伺服驱动器总线接口	●	●	●	●
连接主轴驱动器的 ±10V 模拟量接口	●	●	●	●
CNC 用户加工程序内存（缓存，可通过 U 盘扩展）	1.25MB	1.25MB	1.25MB	1.25MB
通过 USB 扩展系统内存	●	●	●	●
数字探头接口	2	2	2	2
手轮接口数量	2	2	2	2
SINUMERIK 808D Advanced 机床控制面板	●	●	●	●
系统功能				
最大刀具 / 刀沿数量	64/128	64/128	64/128	64/128
可设置零点偏移的数量	6	6	32	32

（续）

●标准配置 ○选件 —无此功能	SINUMERIK 808D Advanced			
	PPU15x.3		PPU16x.3	
	车削	铣削	车削	铣削
不带 Y 轴的端面转换 / 柱面转换	—	—	○	○
龙门轴，基本型	—	—	○	○
轮廓手轮	○	○	○	○
数控锁功能	○	○	○	○
异步子程序 ASUB	●	●	●	●
加速度控制	●	●	●	●
预读 (最大预读程序段的数量)	1	50	1	150
精优曲面	—	—	—	●
手动机床 (MM+)	○	—	○	—
反向间隙和丝杠螺距补偿	●	●	●	●
双向丝杠螺距补偿	○	○	○	○
摩擦补偿	●	●	●	●
定螺距或变螺距螺纹切削	●	—	●	—
带（T、S、F、M、位置）计算的程序段搜索	●	●	●	●
刚性攻螺纹	●	●	●	●
恒线速度切削 (G96)	●	—	●	—
公制 / 英制单位	●	●	●	●
实时时钟	●	●	●	●
报警日志	●	●	●	●
500MB 存储空间	●	●	●	●

3. PPU硬件结构和接口

（1）PPU 接口分布　如图 2-3 所示，各部分名称、作用见表 2-2。

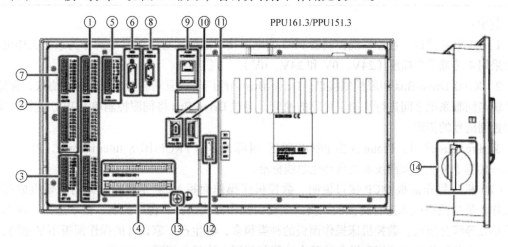

PPU161.3/PPU151.3

图 2-3　SINUMERIK 808D PPU151 和 PPU161 的接口

表 2-2　PPU 接口

编号	接口	说明
①	X100、X101、X102	数字量输入
②	X200、X201	数字量输出
③	X21	快速输入输出
④	X301、X302	分布式输入输出
⑤	X10	手轮输入
⑥	X60	主轴编码器接口
⑦	X54	模拟量主轴接口
⑧	X2	RS232 接口
⑨	X130	以太网接口
⑩	X126	Drive-Bus 总线接口
⑪	X30	用于连接 MCP 的 USB 接口
⑫	X1	电源接口：连接 +24V 直流电源
⑬		系统 CF 卡卡槽
⑭	—	PE 端子，用于接地

其中：

1）X1 电源接口。数控系统控制器 PPU 的电源接口需输入直流 24V 电源作为系统工作电源，一般采用 4 芯端子式插座（24V、0V 和 24V、0V）。

2）X100 Drive-Bus 伺服控制接口。Drive-Bus 是西门子的驱动装置之间的通信协议，保障数控系统与伺服系统之间进行快速、可靠的通信。通过 Drive-Bus 将伺服控制单元 PPU 连接，实现伺服控制信号的传输。

3）Profibus 接口。Profibus 由 PROFIBUS 国际组织（PROFIBUS International，PI）推出，是新一代基于工业以太网技术的自动化总线标准。

（2）机床操作面板 MCP 接口说明　数控机床操作面板 MCP 是数控机床的重要组成部件，是操作人员与数控机床进行交互的工具，主要由操作方式选择、程序控制、倍率选择、状态灯、手持单元等部分组成。数控机床操作面板的种类很多，各生产厂家设计的操作面板不尽相同，但操作面板中各种旋钮、按钮和键盘的基本功能与使用方法基本相同。

机床操作面板 MCP 类型。SINUMERIK 808D Advanced 数控系统的操作面板见表 2-3。

表2-3 机床操作面板

水平型

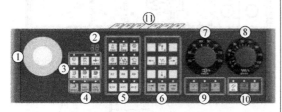

带倍率开关版本
6FC5303-0AF35-0CA0

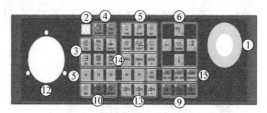

带手轮预留孔版本

垂直型

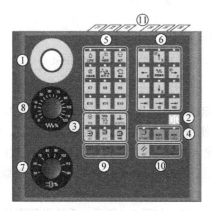

带主轴倍率开关版本
6FC5303-0AF35-2CA0

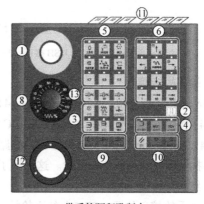

带手轮预留孔版本
6FC5303-0AF35-3CA0

① 急停按钮的预留孔
② 刀具号,显示当前激活的刀具号
③ 操作模式选择区
④ 程序控制键
⑤ 用户定义键
⑥ 轴移动键
⑦ 主轴倍率开关
⑧ 进给倍率开关

⑨ 主轴控制键
⑩ 程序启动、停止和复位键
⑪ MCP按键的预定义插条
⑫ 手轮预留孔
⑬ 主轴倍率控制键
⑭ 进给倍率控制键
⑮ 增量倍率/快速移动倍率控制

注:增量倍率可在"JOG"模式、"手轮"模式或已激活轮廓手轮的"AUTO"/"MDA"模式下激活。快速移动倍率仅在未激活轮廓手轮的"AUTO"/"MDA"模式下有效。"F0 G00"键默认激活的快速移动倍率为1%,该倍率值可通过通用机床数据12050[1]更改,如12050[1]=0.15即倍率为15%。

MCP USB可以通过一根USB电缆将机床控制面板MCP USB连接到PPU上,USB 2.0接口为机床控制面板供电和通信。MCP的接口信号地址固定,使用时请注意。MCP机床操作面板接口如图2-4所示。

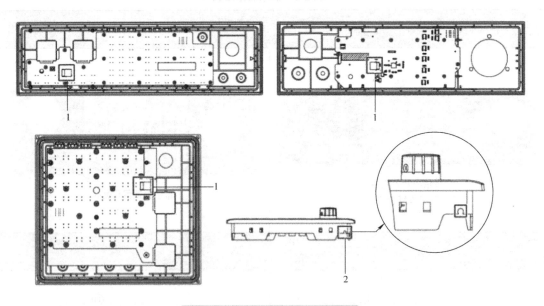

图 2-4   MCP 机床操作面板接口

1—用于连接 PPU 的 USB 接口   2—用于固定连接 PPU 和 MCP 的 USB 电缆的预留孔

4. 端子板转接器

SINUMERIK 808D Advanced PPU 141.3/SINUMERIK 808D Advanced PPU 15x.3/PPU 16x.3 具有 24 路数字 PLC 输入和 16 路数字 PLC 输出，可以使用端子头直接在数控单元上连接。此外，PPU 141.3/PPU 15x.3/PPU 16x.3 具有 48 路数字 PLC 输入和 32 路数字 PLC 输出，可通过两个端子板转接器连接，如图 2-5 所示。这保证了过程信号直接连接在机柜中，并大大减少了配线。

5. 结构与接口

（1）手轮接口位置   PPU 上的手轮接口位置为 X10 接口，如图 2-6 所示。手轮必须满足表 2-4 所示的要求。

图 2-5   端子板转接器

图 2-6   PPU 手轮接口

表2-4 手轮应用要求

传输方法	5 V 方波信号（TTL 电平或 RS422）
信号	A 相信号作为差分信号（Ua1Ua1） B 相信号作为差分信号（Ua2Ua2）
最大输入频率	500kHz
A 相信号和 B 相信号之间的相位差	90° ±30°
电源	5V，最大 250mA

（2）手轮信号　如果当前在机床坐标 MC（DB1900.DBX5000.7=0），应激活轴信号（DB380x.DBX4.0=1）；如果当前在工件坐标 WCS（DB1900.DBX5000.7=1），应激活通道信号（DB3200.DBX100x.0=1）。如果轴信号和通道信号同时激活，则手轮选择无效。激活增量时不区分 MCS/WCS，可同时激活轴信号（DB380x.DBX5.x=1）和通道信号（DB3200.DBX100x.x=1）。同时要保证方式组信号没有激活（DB2600.DBX1.0=0 且 DB3000.DBX2.x=0），否则手轮增量选择无效。

需要注意，必须使用 6 线手轮（5V、0V、A、/A、B、/B），4 线手轮（5V、0V、A、B）不能使用。接好后需确认手轮线已接好，可以监控 DB2700.DBB12，此信号记录手轮产生的脉冲数。如果手轮脉冲线连接正常，摇手轮时这个字节会有变化。

6. SINAMICS V70 伺服驱动结构与接口

SINUMERIK 808D Advanced 数控系统使用的驱动是 SINAMICS V70 驱动系统。如图 2-7 所示，SINAMICS V70 伺服系统由 SINAMICS V70 伺服驱动和 SIMOTICS 伺服电动机构成，是一款应用于机床加工行业的经济型闭环伺服驱动产品，可与 SINUMERIK 808D Advanced 控制器配套使用。

（1）SINAMICS V70 伺服驱动结构

1）SINAMICS V70 驱动器的特点。

① 紧凑型单轴驱动模块，将整流单元、逆变单元和控制单元集成于一体。

② 带涂层的电路板。

③ 可直接在数控系统上调试。

④ 由于预配置电动机数据储存在驱动器中，因此调试更快捷。

图 2-7　SINAMICS V70 驱动器

⑤ 拥有 CE 认证。

2）SINAMICS V70 功能。

① 有 7 种版本，功率范围为 0.4~7kW。

② 电源电压为 AC 380~480V。

③ 具有 300 % 过载能力。

④ 与 SINUMERIK 808D Advanced 进行 Drive-Bus 总线通信。

⑤ 集成电动机抱闸开关。

⑥ 安全转矩停止（Safe Torque Off，STO）。

⑦ 支持 20 位绝对编码器或 2500 S/R（带电子倍频的 1 位分辨率）的增量式编码器。

（2）SINAMICS V70 伺服驱动接口形式概览　SINAMICS V70 伺服驱动器共有两种接口形式，

即带插拔式端子板的 SINAMICS V70 FSA（图 2-8）和带螺钉式端子的 SINAMICS V70 FSB/FSC（图 2-9）。

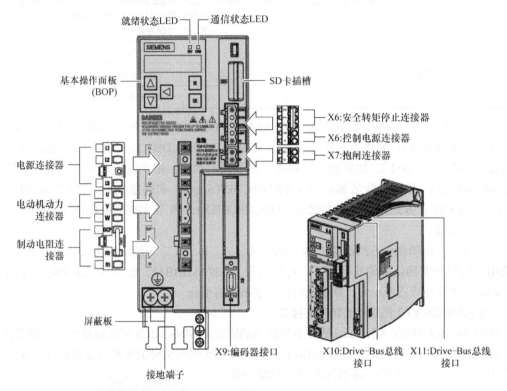

图 2-8　SINAMICS V70 FSA（带插拔式端子板）驱动器接口

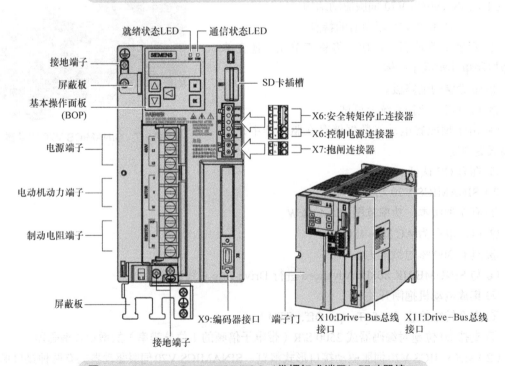

图 2-9　SINAMICS V70 FSB/FSC（带螺钉式端子）驱动器接口

（3）SINAMICS V70 主轴驱动器

1）概述。此系统主要设计用于成本效率为首要考虑因素的应用。驱动器的主要性能数据针对 SINUMERIK 808D Advanced 进行了优化。SINAMICS V70 主轴驱动器如图 2-10 所示。

图 2-10　SINAMICS V70 主轴驱动器 FSD/FSC/FSB

2）SINAMICS V70 主轴驱动接口概览。带螺钉式端子的 SINAMICS V70 FSB/FSC，如图 2-11 所示。

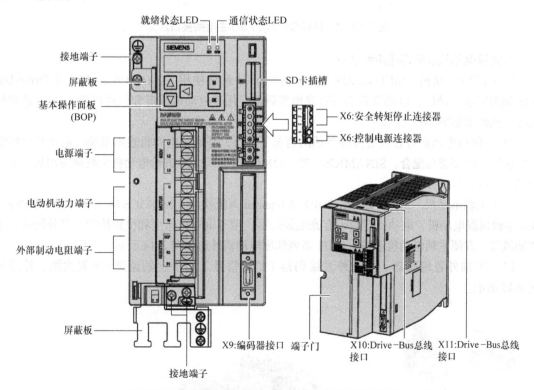

图 2-11　带螺钉式端子的 SINAMICS V70 FSB/FSC

PE 端子、电源端子、电动机动力端子、外部制动电阻和直流母线端子均带端子保护盖。在连接这些端子之前，必须先用一字槽或十字槽螺钉旋具将塑料保护盖撬掉。其主电路接口定义（驱动端）如图 2-12 所示。

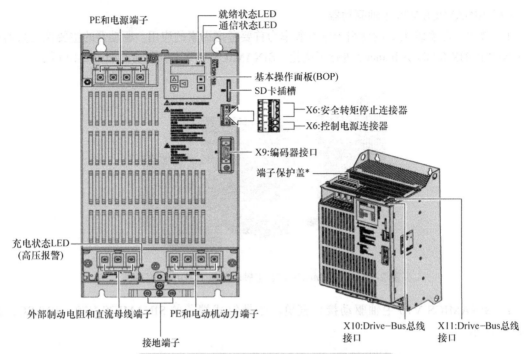

图 2-12 SINAMICS V70 FSD 主电路接口定义

7. 伺服电动机及编码器组件认识

（1）伺服电动机 SINUMERIK 808D Advanced 系统使用 SIMOTICS S-1FL6 带 Drive-Bus 永磁伺服同步电动机，电动机背后带有光电编码器，用于电动机速度和位置检测，1FL6 系列伺服电动机外形如图 2-13 所示。

1FL6 伺服电动机可在没有外部散热的情况下运行，并通过电动机表面散热。电动机可以实现快速简易的安装与配合。SINAMICS V70、SIMOTICS S-1FL6 进给电动机为机床应用提供了一种高动态性的解决方案。

（2）主轴电动机 SINUMERIK 808D Advanced 系统使用 SIMOTICS M-1PH1 系列带 Drive-Bus 主轴伺服电动机，电动机背后带有光电编码器，用于电动机速度和位置检测，另外附带一个主轴风扇，方便主轴电动机散热。1PH1 系列伺服电动机外形如图 2-14 所示。

（3）主轴外置编码器 主轴外置编码器（TTL 信号）用于主轴速度 / 位置检测，外形如图 2-15 所示。

图 2-13 1FL6 系列伺服电动机

图 2-14 1PH1 系列主轴伺服电动机

图 2-15 主轴外置编码器

2.1.2　系统硬件连接

1）了解系统电缆连接。

2）完成系统硬件安装过程。

SINUMERIK 808D Advanced 数控系统装调内容及顺序包括：数控系统硬件连接（图2-16），工具软件安装，加载标准数据，语言、口令、时间设置，配置 MCP 及外围设备，配置驱动，NC轴分配，NC 机床数据配置，驱动优化，创建数据管理等。

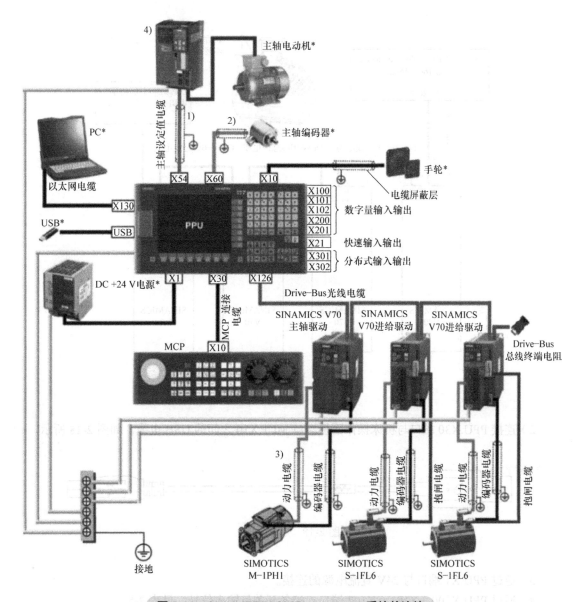

图 2-16　SINUMERIK 808D Advanced 系统的连接

数控系统硬件连接包括以下几个方面：

（1）PPU 接口连接

1）连接 PPU 与 SINAMICS V70 驱动之间的 Drive-Bus 总线，如图 2-17 所示。对于第一个驱动，X10 用于连接 SINUMERIK 808D Advanced PPU，X11 用于级联下一个驱动，X10 用于连接上一驱动的 X11，而 X11 用于连接下一驱动的 X10。最后一个伺服驱动的 X11 接口必须插入终端电阻，否则伺服系统不能正常运行。

SINUMERIK 808D Advanced PPU（160.2/161.2）支持铣削和车削两种版本。通过 Drive-Bus 总线接口（X126），铣削版最多可以控制 3 个进给轴和一个附加轴，车削版最多可以控制两个进给轴和两个附加轴。

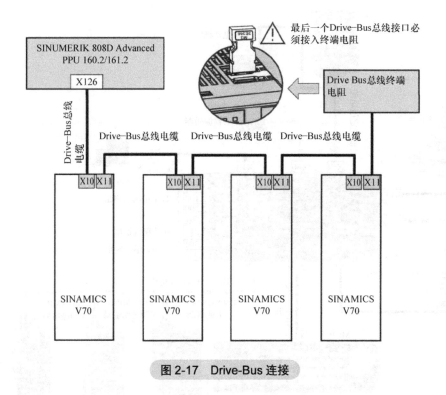

图 2-17 Drive-Bus 连接

2）连接 PPU.X30 端口与机床操作面板端口 MCP.X10 之间的 USB 电缆，如图 2-18 所示。

图 2-18 USB 电缆

3）通过 PPU.X1 端口与 24V 直流电源的连接。

4）通过 PPU.X100、X101、X102 端口连接各开关量输入信号，见表 2-5。

表 2-5　SINUMERIK 808D Advanced PPU 数字量输入接口针脚信号说明

X100 接口图示	针脚编号	输入信号	针脚注释
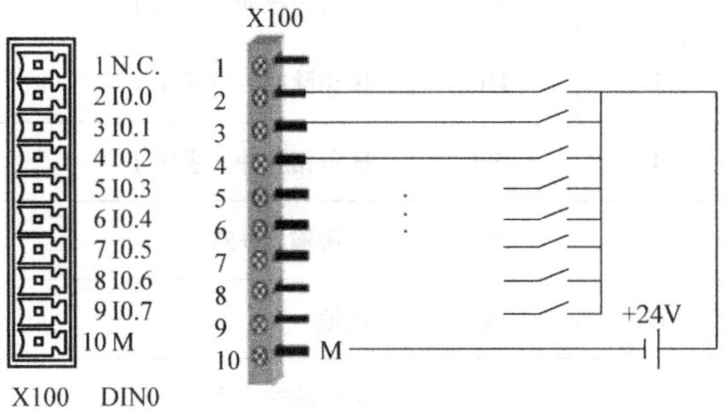	1	N.C.	未分配
	2	I0.0	数字量输入
	3	I0.1	数字量输入
	4	I0.2	数字量输入
	5	I0.3	数字量输入
	6	I0.4	数字量输入
	7	I0.5	数字量输入
	8	I0.6	数字量输入
	9	I0.7	数字量输入
	10	M	外部接地

5）X200、X201 连接各继电器或指示灯，见表 2-6。

表 2-6　SINUMERIK 808D Advanced PPU 数字量输出接口针脚信号说明

X200 接口图示	针脚编号	输出信号	针脚注释
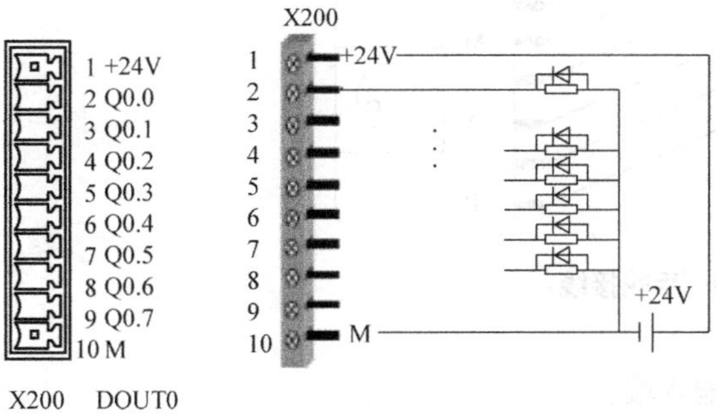	1	+24V	+24V 输入，必须连接可变范围在 20.4~28.8V 之间
	2	Q0.0	数字量输出
	3	Q0.1	数字量输出
	4	Q0.2	数字量输出
	5	Q0.3	数字量输出
	6	Q0.4	数字量输出
	7	Q0.5	数字量输出
	8	Q0.6	数字量输出
	9	Q0.7	数字量输出
	10	M	外部接地，必须连接

6）通过 PPU.X10 端口与手轮的连接。手轮连接 X10，各针脚分配说明见表 2-7 所示。接线如图 2-19 所示，电缆长度小于 3m。

表 2-7　X10 手轮接口针脚说明

图示	针脚	信号	注释
	1	1A	A 相脉冲，手轮 1
	2	–1A	A 负相脉冲，手轮 1
	3	1B	B 相脉冲，手轮 1
	4	–1B	B 负相脉冲，手轮 1
	5	+5V	电源输出 +5V
	6	M	接地
	7	2A	A 相脉冲，手轮 2
	8	–2A	A 负相脉冲，手轮 2
	9	2B	B 相脉冲，手轮 2
	10	–2B	B 负相脉冲，手轮 2

图示列内容：
```
1  1A
2  –1A
3  1B
4  –1B
5  +5V
6  M
7  2A
8  –2A
9  2B
10  –2B

X10
手轮
```

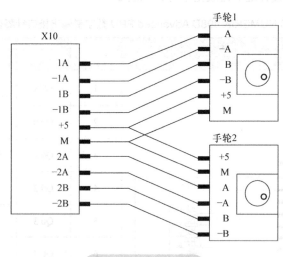

图 2-19　手轮接线

7）通过 PPU.X54 端口连接变频器模拟量输入端。

8）通过 PPU.X60 端口连接主轴编码器。

（2）驱动器接口连接　驱动器与电动机常见的连接方式具体如下。

1）三相交流 380V 电源经滤波器输入驱动器 L1、L2、L3 端子，如图 2-20 所示。

2）伺服电动机动力电缆接驱动器电源输出端口 U、V、W，如图 2-21、图 2-22 所示。

3）制动电阻接 DCP 和 R1 端，如图 2-21 所示。

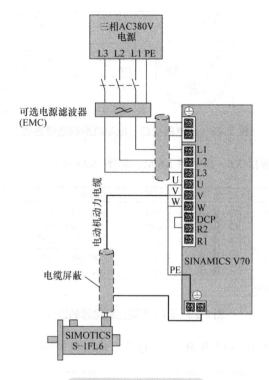

图 2-20 主电路的连接

外形尺寸	类型	示意图	信号	说明
FSB,FSC	主电路输入接口	L1 L2 L3	电源相位L1 电源相位L2 电源相位L3	三相AC 380~480V
	电动机动力接口	U V W	电动机相位U 电动机相位V 电动机相位W	连接SIMOTICS S-1FL6电动机
	内部和外部制动电阻接口	DCP R2 R1	直流母线+ 电阻2 电阻1	对于内部制动电阻：连接DCP和R2 对于内部制动电阻：连接DCP和R1
FSA	主电路输入接口	L1 L1 L2 L2 L3 L3	电源相位L1 电源相位L2 电源相位L3	三相AC 380~480V
	电动机动力接口	U U V V W W	电动机相位U 电动机相位V 电动机相位W	连接SIMOTICS S-1FL6电动机
	内部和外部制动电阻接口	DCP DCP R2 R2 R1 R1	直流母线+ 电阻2 电阻1	对于内部制动电阻：连接DCP和R2 对于外部制动电阻：连接DCP和R1
接地端子		⏚	—	连接主电源接地端子和伺服电动机接地端子
最大导线截面积：2.5mm²				

图 2-21 主电路接口—驱动端的连接方法

类型	示意图	信号	说明
动力连接器	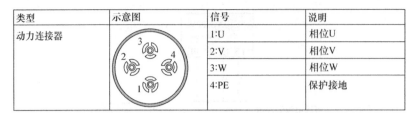	1:U	相位U
		2:V	相位V
		3:W	相位W
		4:PE	保护接地

图 2-22　主电路接口—电动机端的连接方法

4）24V 直流控制电源接 X6.+24V 和 X6.M，如图 2-23 所示。

类型	示意图	信号	说明
安全转矩停止 (STO)接口	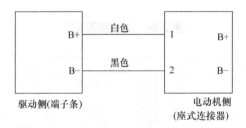	STO1	STO1:自由停机
		STO+	STO+:DC 24V
		STO2	STO2:自由停机
控制电源输入 接口		+24V	DC 24V,+/−10%
		M	DC 20V
最大导线截面积:1.5mm²			

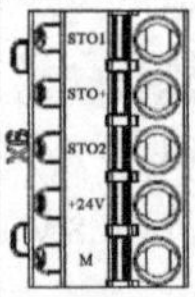

图 2-23　24V 直流控制电源的连接

5）电动机抱闸接 V70.B+ 和 V70.B− 端，连接方式如图 2-24~ 图 2-26 所示。

B+ ————白色———— 1　B+

B− ————黑色———— 2　B−

驱动侧(端子条)　　　　　　　　电动机侧 (座式连接器)

图 2-24　抱闸连线

类型	示意图	信号	说明
抱闸接口		相位B+	B+: +24V,电动机抱闸正向电压
		相位B−	B−: 0V,电动机抱闸负向电压
最大导线截面积:1.5mm²			

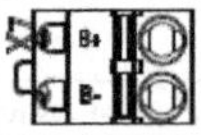

图 2-25　抱闸驱动端连线

类型	示意图	信号	说明
抱闸连接器		1: B+	抱闸相位正向
		2: B−	抱闸相位负向

图 2-26　抱闸电动机端连线

6）驱动器电动机编码器反馈接口 X9 连接，如图 2-27 所示。

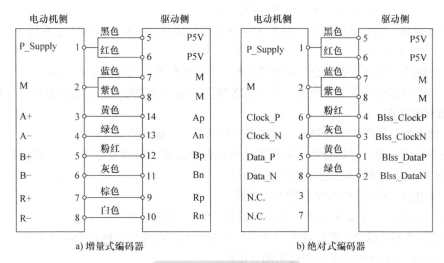

图 2-27　两种编码器连接

7）将驱动垂直安装在屏蔽电柜（无涂层）的背板上，并且遵循图 2-28 所示的安装间距。

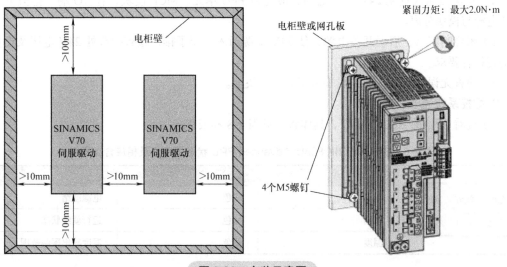

图 2-28　安装示意图

2.1.3　初次启动准备

本节导读

1）通电前的检查。

2）系统安装后通电与状态检查。

1. 数控系统通电前检查

数控系统通电前必须进行电路检查，确保无误后才可进行数控系统通电。系统通电前主要检查内容如下：

1）在断电状态下按电气原理图检查各部分接线。

2）接地接零。检查各模块接地线是否可靠连接到接地排，柜内接地接零系统（四线制／五线制）是否与车间统一。

3）供电电路。用万用表检查三相电源进线和各级断路器下端电路是否短路。

4）刀架及各辅助装置强电电路。逐个按各装置控制接触器触点，使接触器闭合，检查是否存在缺相和短路情况。

5）主轴电源。检查断路器到变频器之间的导线是否正确连接。

6）伺服驱动电源。根据设备实际情况检查电源滤波器或隔离变压器一／二次侧以外电路是否存在短路（注意：变压器绕组电阻可能很小）。

7）控制电路。检查 DC 24V 回路有无短路。

① 如果使用两个 DC 24V 电源，两个电源的"0"V 应该连通。

② 检查驱动器进线电源模块和电动机模块的 24V 直流电源跨接桥是否可靠连接。

8）检查 Drive-Bus 电缆是否连接牢固、正确。

2. 系统初次通电操作

通电前检查接线无误后，系统才可正式通电。

1）模块在通入直流 24V 电源之前，应先将 PPU 单元、MCP 模块、各 I/O 端子排拔下，使 24V 电源与模块分离。

2）闭合断路器，启动开关电源，使 24V 电源通入各端子排，检查接头处 24V 电压及正负极性是否符合要求。

3）检查无误后断电，将接线端重新插入模块上。

3. 数控系统通电状态监控

1）查看 PPU 的 LED 指示灯，具体含义见表 2-8 和表 2-9。

表 2-8　SINUMERIK 808D Advanced PPU 状态指示灯及相应含义示例

	LED 指示灯	颜色	含义
电源　就绪　温度　□　□　□	电源	绿色	电源就绪
	就绪	绿色	运行就绪状态
	温度	黄色	温度超出限制范围

表 2-9　SINUMERIK 808D Advanced PPU 状态指示灯及相应含义示例

	LED	颜色	状态	描述
	电源	绿色	常亮	系统处于通电状态
电源　就绪　温度　□　□　□	就绪	绿色	常亮	系统准备就绪，PLC 处于运行状态
		橙色	常亮	PLC 处于停止模式
			闪烁	PLC 处于通电模式
		红色	常亮	数控系统处于停止模式
	温度	橙色	常亮	数控系统温度超出限制范围
		—	灭	数控系统温度在特定范围内

2）检查驱动器的电源模块和电动机模块上的指示灯。SINAMICS V70 驱动器有两个 LED 指示灯（RDY 和 COM），分别用于指示驱动就绪状态和通信状态，如图 2-29 所示。有关状态显示的详细信息见表 2-10。

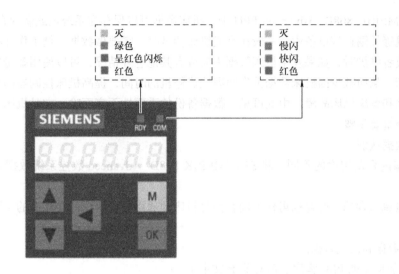

图 2-29　SINAMICS V70 驱动器的 LED 指示灯示例

表 2-10　SINAMICS V70 驱动器的 LED 指示灯含义

状态指示灯	颜色	状态	描述
RDY	绿色	常亮	驱动准备就绪
	红色	常亮	无使能信号或驱动处于启动状态
		以 1 Hz 的频率闪烁	存在报警或故障
	红色和橙色	以 0.5 s 间隔交替闪烁	伺服驱动被定位
COM	—	灭	与控制器的通信未激活
	绿色	以 0.5Hz 的频率闪烁	与控制器的通信已激活
		以 2 Hz 的频率闪烁	SD 卡正在工作（读取或写入）
	红色	常亮	与控制器的通信发生故障

2.1.4 机床数据备份和还原

本节导读

在 SINUMERIK 808D Advanced PPU 中，机床数据可以保存在系统内或者保存在 USB 储存设备、计算机等外围存储设备中。一般在完成机床调试时，需要做数据存储工作并存档，在机床使用过程中或者维护时，如果发生机床数据丢失或者其他意外情况，可以使用备份数据快速地恢复系统和机床，从而减少因机床数据丢失原因造成停机的时间，提高机床控制器的稳定性和可靠性，快速排除和解决机床故障。由此可见，数据备份的重要性不言而喻，它是机床调试过程中不可缺失的一个重要步骤。

1. 机床数据认识

根据存储内容及用途的不同，将 SINUMERIK 808D Advanced 数控系统数据存储方式分为两大类。

（1）批量调试存档 此存档可作为同种型号机床的通用备份数据，存档中的主要内容包括以下几项：

1）机床数据和设定数据。

2）PLC 数据（如 PLC 程序、PLC 报警文本）。

3）用户循环和零件程序。

4）刀具及零点偏移数据。

5）R 参数。

6）HMI 数据（如制造商在线帮助、制造手册等）。

（2）本机调试存档 此存档一般只用于本机床的备份数据，存档中的主要内容包括以下几项：

1）补偿数据。

2）机床数据和设定数据。

3）PLC 数据（如 PLC 程序、PLC 报警文本）。

4）用户循环和零件程序。

5）刀具及零点偏移数据。

6）R 参数。

7）HMI 数据（如制造商在线帮助、制造手册等）。

2. 数据备份

在 SINUMERIK 808D Advanced 系统中，相应的数据存储选项可分为建立批量调试存档、建立本机调试存档以及建立本机调试存档（存储在系统默认的路径下）。

然后，按照存储媒介的不同，又可以将 SINUMERIK 808D Advanced 数控系统中数据备份的方式分为内部备份和外部备份两大类。

（1）内部备份 所谓内部备份是指将数据存储在 SINUMERIK 808D Advanced 系统 NC 控制器的内部。对内部备份后，系统数据将存储于 NC 内部的 S-RAM 区。该存储区数据可以断电保持，如果数据因故障丢失，系统可自动读取存储区中的备份数据，对数据进行恢复。

（2）外部备份 外部备份则是指将备份数据存储在外部计算机、USB 存储设备或其他的存储媒介中，除了按照存储媒介进行区分外，还可以按照存储类型的不同，将 SINUMERIK 808D Advanced 数控系统中数据备份的方式分为打包数据和独立数据。

1）打包数据。打包数据是习惯上的口语化名称，实际是指备份得来的"arc"为格式的文件，如上文中提及的 arc_product.arc 和 arc_startup.arc 文件均属于打包文件。

这类文件包含所有的备份项，特点是操作步骤简单容易，而且备份的数据比较全面，但是这类备份数据不可以被直接读写，因此在使用该类型的数据时，必须注意区分系统的软件版本，因为不同软件版本之间的备份数据是不可以相互使用的。

2）独立数据。独立数据是指将每个独立的数据类型以独自的文件类型分别备份出来，虽然该类型数据的备份操作步骤比较烦琐，但是每个数据文件都可以被读取和复制，而且在应用时也可以单独传入不同软件版本的控制器中，因此该种数据备份方式应用也较为普遍。

3. 数据恢复

（1）恢复数据注意事项　西门子 SINUMERIK 808D Advanced 数控系统不仅在软件上有区别，硬件上也有分类，因此在恢复数据时需要注意以下事项。

1）备份数据必须与硬件版本（车削版或铣削版）相对应。

2）必须注意备份数据是否与系统的软件版本相兼容。

（2）使用调试存档文件恢复系统　在必要的情况下，可以将调试存档文件加载到原型机中，从而实现恢复数控系统内部数据的目的（调试存档文件即前文提到的"arc"格式的备份文件）。

需要注意的是，在恢复系统时，密码会被删除。因此，当 SINUMERIK 808D Advanced PPU 重新启动后必须重新输入密码。

（3）使用单独的数据备份文件恢复系统　单独数据备份文件恢复方法的操作步骤非常简单，仅需要找到相应的数据文件，通过复制粘贴到对应的文件夹中即可。

4. 数据恢复后的验证

在数据恢复完成之后，还需要对备份数据的准确性和适用性做进一步的验证。一般可通过下面两个步骤进行验证。

第一步，在完全恢复数据后，手动重新启动系统，检验机床是否可以正常运行。

第二步，通过"数据存储"软菜单将系统的数据存储在控制器内部，然后在"调试"软键中选择"缺省值启动"系统，此时数据被清除。重新启动系统，选择"存储数据启动系统"选项，等完全启动后，检验机床是否可以正常运行。

2.2　系统初始调试

本节导读

1）掌握 SINUMERIK 808D Advanced 数控系统驱动调试方法。

2）掌握 SINUMERIK 808D Advanced 数控系统参数设置方法。

2.2.1　驱动调试

伺服电动机及其驱动的调试是整个数控机床调试中最重要的步骤。在调试开始前，需要精心准备好机械、电气等各方面的条件，如图 2-30 所示。本节重点指导伺服驱动的调试过程。

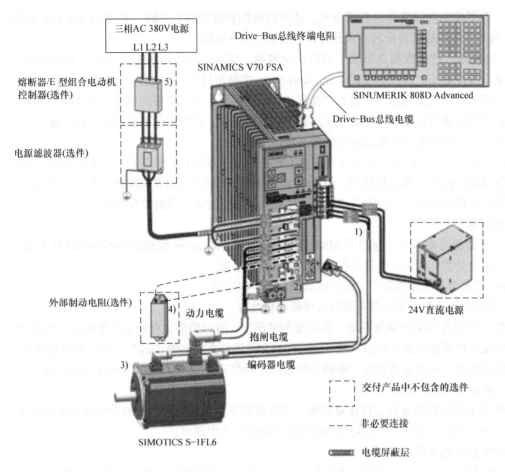

1）抱闸功能仅适用于进给驱动。
2）短接线仅适用于进给驱动，以实现内部制动电阻功能。
3）V70主轴驱动连接的是SIMOTICS M-1PH1主轴电动机。
4）当前内部制动电阻容量不足时，可使用外部制动电阻吸收直流电路中的过剩能量。V70主轴驱动不带内部制动电阻，因此必须选用外部制动电阻。
5）V70主轴驱动FSC应选用断路器而非E型组合电动机控制器。

图2-30　SINAMICS V70 驱动器接线总览示例

SINAMICS V70 伺服系统由 SINAMICS V70 伺服驱动和 SIMOTICS 伺服电动机构成，是一款应用于机床加工行业的经济型闭环伺服驱动产品，可与 SINUMERIK 808D Advanced 控制器配套使用。

1. 伺服驱动控制原理简介

（1）伺服电动机结构与基本控制功能　伺服电动机主要由一个三相异步电动机和一个旋转编码器组成。三相异步电动机得电后只负责旋转，转速由输入三相交流电的频率决定，转向由相序决定，能够承受的负载力矩由幅值决定。而编码器在每转动单位角度后就会发出位置增量脉冲，或干脆发出新的位置值。增量编码器的增量脉冲是一组差分信号，其个数表示位置变化量，频率表示转速，相序表示转向。绝对编码器的输出信号不一样，但所起的作用是一样的。总之电动机一工作，编码器便即时向伺服驱动反映电动机的动态。

（2）反馈控制过程观察　如图 2-31 所示，最初没有指令输入，电动机是停止的，最左端输入量为 0，位置反馈量也为 0。位置环、速度环、电流环都没有控制量输出。但功率单元一通电，就会有电流流过电动机的电枢绕组，电动机就要转。电动机一转，编码器就会把电动机位置增量、转速、转向反馈到相应环节，与指令负反馈叠加，形成误差控制量（指令量 − 反馈量 = 负的控制量）。于是，电动机就反着误差量开始转动了，它总是试图消除误差量。当有新的位置指令，也产生了误差控制量时，电动机为了消除误差，就转到新的位置上；若没有新的位置指令，它就留在原地附近；若位置指令跟着程序轨迹走，刀具就沿着轨迹走。这就是伺服的意思。

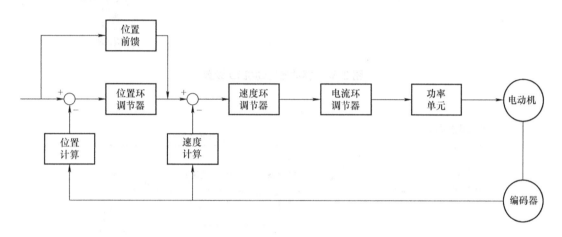

图 2-31　SINAMICS V70 驱动器控制原理示例

通过实际观察容易发现，电动机一通电，便有轻微啸叫声；看似不动，但已有转矩，实际是在非常小的范围内，以非常高的频率来回摆动，凭人的视觉和触觉无法感知而已。因此，伺服电动机一旦通电，无论是否带有负载，始终处于工作状态。任何一个环节出现问题，如电动机相序接反、编码器谎报军情、反馈增益（消除误差的速度）过大过小、机械间隙、卡滞等，都会使整个系统出现故障。伺服系统的调试、优化、故障诊断、故障排除，主要也就是针对这些内容进行的。下面首先从驱动的首次调试开始。

2. 驱动调试步骤

接通驱动器的 24V 直流电源和三相 380V 交流电源后，即可进行 SINAMICS V70 驱动器的调试，具体步骤如下。

（1）JOG 测试　对于带增量式编码器的电动机，应按以下步骤进行配置；否则请忽略第（1）和第（2）步，直接跳转至第（3）步。

1）如图 2-32 所示，设置电动机 ID P29000（默认值 =0）。连接电动机的 ID 可以在其铭牌上找到。

当出现"*"号时，则表示至少有一个参数已经被更改且未保存。

2）图 2-33 所示为配置电动机抱闸 P1215。其中：0 是默认值，无电动机抱闸可为 1，电动机抱闸受时序控制为 2，电动机抱闸常开为 3。电动机抱闸受 SINUMERIK 808D Advanced 设置的时序控制。对于不带抱闸的电动机，请跳过此步直接跳转至第 3）步。

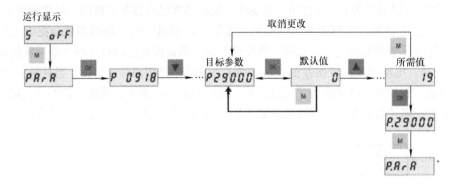

图 2-32　驱动器电动机 ID 设置

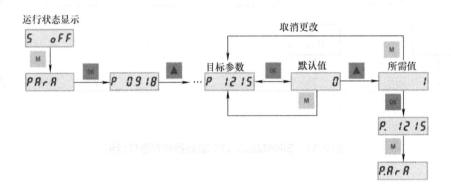

图 2-33　电动机抱闸设置

3）如图 2-34 所示，在 0 和电动机额定转速之间设置 JOG 速度 P1058。对于带绝对值编码器的电动机，如果使用默认的 JOG 速度（100r/min），请跳过此步。

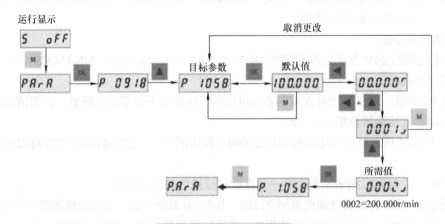

图 2-34　JOG 速度设置

4）保存参数设置，如图 2-35 所示。

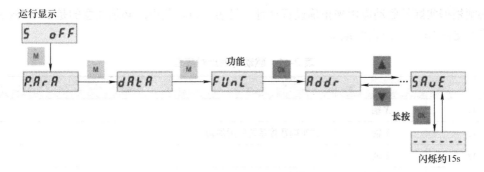

图 2-35　参数的保存

5）通过 JOG 功能试运行电动机并查看 JOG 速度或转矩，如图 2-36 所示。

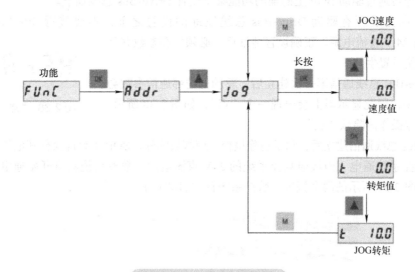

图 2-36　JOG 功能试运行

（2）配置 Drive-Bus 总线地址　在 SINAMICS V70 驱动上配置 Drive-Bus 总线地址时，需要使用驱动 BOP 设置参数 P0918（默认值 = 10），如图 2-37 所示。

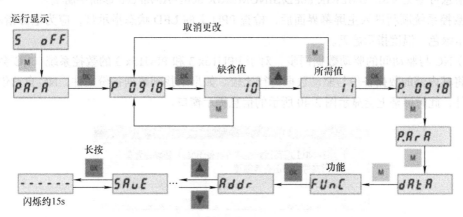

图 2-37　总线地址的配置

必须根据实际的驱动应用来正确设置地址，见表2-11。其中，必须注意的是PPU15x.3的数控系统不支持Drive-Bus总线地址15。

表2-11　驱动的地址对应表

地址	实际应用轴	备注
11	X轴	
12	Y轴	或车削数控系统的附加轴
13	Z轴	
14	数字量主轴	仅适用于 SINAMICS V70 主轴驱动
15	附加轴	

此外，还可通过驱动BOP上的辅助功能菜单设置Drive-Bus总线地址。

说明：在完成所有驱动Drive-Bus总线地址的设置之前，不要接通SINUMERIK 808D Advanced的24 V直流电源。正确设置地址后，必须保存参数并且重启驱动以使设置生效。

在Drive-Bus总线通信第一次建立后，驱动的内部通信参数会自动发生改变，因此显示屏上会出现一个"点"，如图2-38所示。必须执行保存操作清除该"点"。

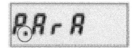

图2-38　"点"的位置

Drive-Bus总线通信建立后，除了清除报警和应答故障外，BOP不允许执行其他任何操作。

（3）数控系统通电　当接通数控系统的24V直流电后，数控系统就将开始通电工作。首先会出现的是图2-39所示的两个报警（数控系统首次启动时）。

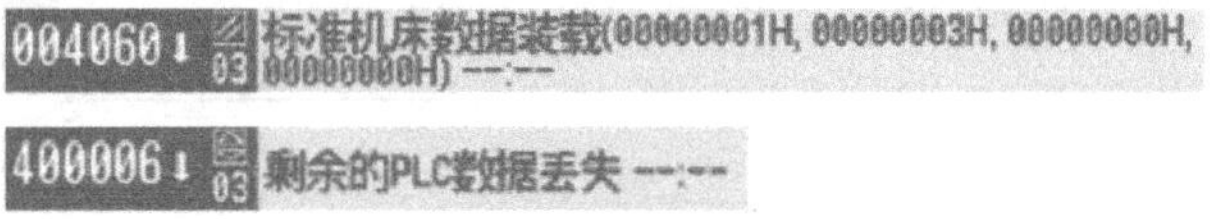

```
004060↓  标准机床数据装载(00000001H, 00000003H, 00000000H,
03       00000000H) --:--

400006↓  剩余的PLC数据丢失 --:--
03
```

图2-39　出现的报警信息

此时，按"复位"键或者"报警清除"+"复位"组合键来清除报警。关于报警和系统响应的更多信息可参见《SINUMERIK 808D/SINUMERIK 808D Advanced 诊断手册》。

当数控系统顺利进入主屏幕界面后，检查PPU上的LED状态指示灯，应为电源指示绿色、就绪指示绿色、温度指示熄灭。

（4）NC与驱动间的驱动数据同步　对于PPU16x.3和PPU15x.3的数控系统，NC会在每次启动时将其内部的数据备份与驱动数据进行比较。如果未找到数据备份文件，NC自动创建新的备份文件，此时屏幕上会显示图2-40所示的信息提示窗口。

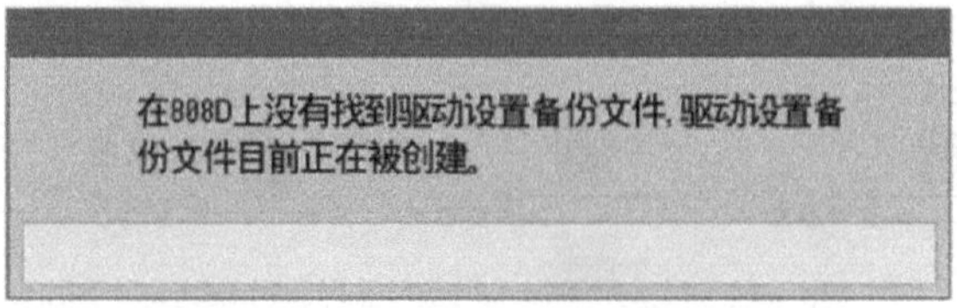

在808D上没有找到驱动设置备份文件,驱动设置备份文件目前正在被创建。

图2-40　无数据时信息提示窗口

如果驱动数据与 NC 备份数据不一致，则需要在 NC 和驱动之间执行驱动数据文件的同步。具体操作步骤如下。

1）当出现图 2-41 所示的同步对话框时，单击"确认"按钮进入设置窗口。

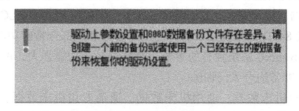

图 2-41 同步对话框

说明：如果尚未设置数控系统的访问级别，则图 2-41 所示对话框出现口令输入栏。

2）使用光标"上"和"下"方向键选择想要执行数据同步的驱动，然后单击"选择"按钮为所选的驱动选择一种同步方式（图 2-42），再单击"接受所有"按钮确认设置，就可以开始数据同步了。

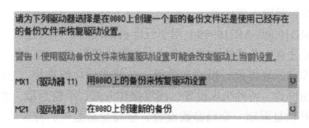

图 2-42 同步方式的选择

3）同步成功完成后，屏幕上会显示图 2-43 所示对话框。单击"选择"按钮即可退出。

图 2-43 同步完成后的提示信息

（5）驱动器状态的检查 数据同步完成后，驱动器上的 LED 状态指示灯会指示驱动处于就绪状态（RDY 灯为绿色、COM 灯以 2s 的间隔呈绿色闪烁）。驱动 BOP 可能显示 S-off 或故障，如图 2-44 所示，这取决于所连接的编码器类型。

图 2-44 同步完成后驱动 BOP 显示的两种状态

2.2.2　机床参数设置

数控系统通过参数来选定、连接系统功能或定制系统功能的特性。参数与功能紧密结合，欲通晓参数必先熟悉系统功能。SINUMERIK 808D Advanced 的参数与 SINUMERIK 840D sl 系统兼容，包括机床数据、设定数据、NC 设定数据、各种接口信号、PLC 用户接口、驱动参数等，覆盖 SINUMERIK 840D sl 系统几乎所有的基本参数和大部分特殊功能参数，另外还有一些 SINUMERIK 808D Advanced 系统独有的参数。其特点是：功能强大，设置时可借助调试向导，概念突出，操作简化，非常适合入门训练。

机床参数包括显示机床数据、通用机床数据、通道专用机床数据、轴专用机床数据、一般设定数据、通道专用设定数据、轴专用设定数据。以下集中列出各参数组主要内容，在调试开始前，请先浏览一遍，大致了解系统功能和参数设置工作的基本内容。详细功能可参见《SINUMERIK 808D/SINUMERIK 808D Advanced 功能手册》，具体设置方法本节随后结合调试向导进行介绍。

显示机床数据（200~9999）用于选定一些显示界面或操作界面的显示内容、模式、格式、操作限制等，如主轴转速和进给速度最大值的限制、主轴监控显示内容的选择、轴显示单位、精度、测头位置显示、磨损量输入界面等。

通用机床数据（MD10000~MD19999）用于设定机床轴名、几何轴名、各种时间监控、位置计算单位、精度、缩放比例、总线输入输出地址、编程代码形式、加工程序涉及的通道名称、辅助功能子程序/循环绑定、缺省运行模式和数据、各模式的功能许用、总线 I/O 设备地址设置、外部中断设置、分度轴设置、特种机床设置、回零操作方式、手轮当量、主轴倍率开关对应倍率值等操作功能设置、补偿量限制、全局参数设置、全局变量监控、特殊功能、版本号、序列号、权限设置等操作对象或软、硬件组件设定。

通道专用数据（MD20000~MD29999）包括各通道机床轴选用，通道轴配置，几何轴配置，主轴选用，刚性攻螺纹设置，显示轴、横轴，程序启动方式/条件，刀具补偿规则，坐标转换规则、中断程序执行条件，功能组初始化、坐标框架设定，倒角、样条、逼近、回退等功能特性说明，各通道设备操作特性，轨迹精度监控，各种变量容量等。

轴机床参数设置（MD30000~MD39999）内容包括驱动的总线段号、模块号、子模块输出号、输出类型、输出极性、编码器数量、编码器总线段号、编码器号、测量回路输入号、编码器类型、回转轴/主轴、回转取模、仿真轴、索引轴、光栅尺、丝杠螺距、反馈形式、传递比、手轮当量、进给轴/主轴回零监控、主轴定位、轴运动方向、反馈方向、位置反馈增益、轴速、轴加速、反向间隙、螺距补偿、摩擦补偿、前馈控制、垂度补偿、温度补偿、动态响应调整、回零特性、变速各级齿轮传动比、自动换挡特性、静态位置监控及时限、夹紧监控、零速监控、轴限位、轴限速、零脉冲监控、轮廓监控、漂移补偿、死挡块回零、龙门轴等。

NC 设定数据（SD41000~SD49999）设置内容包括通用设定数据，如点动可变增量倍数、点动模式、点动速度、补偿表设置、螺纹加工特性、空运行特性、路径进给率校准；通道设定数据，如零点偏移、刀长补偿、路径精度监控、速度监控、加速度监控、手动圆弧加工特性、刀具补偿特性；轴设定数据，如几何轴点动特性、主轴动作特性、工作区域限制、特殊功能动作特性等。

参数设置工作可以直接打开机床参数设置界面手动设置，也可以借助调试向导的原型机调试流程自动设置。下面就以调试向导为线索展开。

1. 调试向导概述

SINUMERIK 808D Advanced 数控系统提供两个调试向导和一个操作向导。

（1）使用调试向导需要制造商存取级别 调试向导旨在帮助您对原型机以及批量机床开展基本的机床功能调试。

（2）使用操作向导需要最终用户存取级别 操作向导帮您了解加工操作的基本步骤。

向导中会使用 3 个机床数据区域来调试原型机，即通用机床数据、轴机床数据和 NC 基本数据列表。可以通过软键功能"在线向导"进入向导主画面。图 2-45 所示为 PPU16x.3 的数控系统出现的画面，图中说明如下。

1）调用原型机调试向导。该向导在 PPU16x.3 和 PPU15x.3 上有 14 个调试步骤，在 PPU141.3 上有 12 个调试步骤。

2）调用批量调试向导。该向导在 PPU16x.3 和 PPU15x.3 上有 6 个调试步骤，在 PPU141.3 上 5 个调试步骤。

3）调用操作向导。

4）进入当前选定的任务。当将光标移动到一个已完成任务或当前任务时，该软键有效。

5）从当前任务开始调试。当处于任一向导的主界面时，在 PPU 上按任意操作区域键可退出向导。在选择某个调试任务并且进入相应界面后，则需要先按 PPU 键返回调试向导主界面，然后按任意操作区域键退出向导。

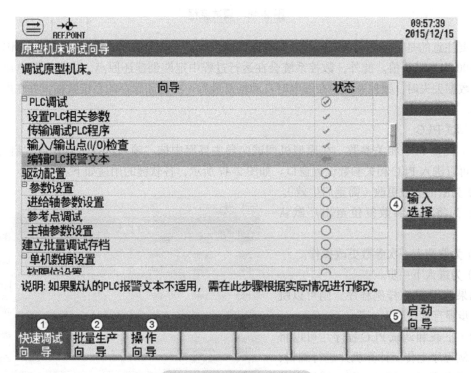

图 2-45 在线向导主界面

通常情况下，数控系统一般采用的调试流程如图 2-46 所示，图中：①表示调试原型机；②表示批量调试。

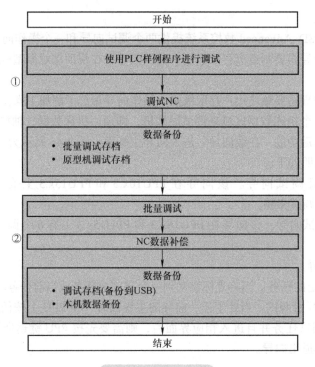

图 2-46　调试流程

需要注意的是，在使用调试向导开始机床调试之前，须确保机床参数 MD20050、MD20070、MD35000 均为默认值。此外，数控系统会在运行过程中定期创建还原点。当发生断电或其他故障导致数据丢失时，数控系统会在通电时自动恢复最后一次自动保存的系统数据，并在屏幕上提示报警。

2. 调试 PLC

（1）设置 PLC 相关参数　在原型机调试向导主界面中按"输入选择"软键或"启动向导"软键就可以进入 PLC 相关参数设置窗口。如图 2-47 所示，各软键的用途如下。

1）为激活参数更改（需重启生效）。

2）为将所选参数复位至出厂默认值。

3）为取消上一次参数更改操作。

4）为进入下一步。

如果使用 PLC 样例程序，则可以跳过这一步骤直接进入下一步。

（2）下载和调试 PLC 程序　可以将 PLC 样例程序上传至计算机并进行编辑，从而实现自定义的 PLC 功能。通过安装在计算机上的 PLC Programming Tool 软件（包含在工具盒），可以将自定义的 PLC 程序下载至数控系统的永久存储器中。具体操作步骤如下：

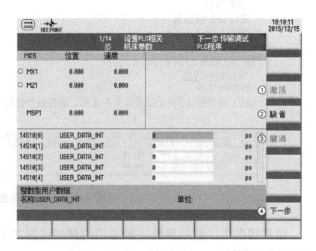

图 2-47　PLC 相关参数设置窗口

1）使用以太网电缆将控制器连接至计算机。

2）在当前调试步骤主界面按"直接连接"软键，屏幕上会显示图2-48所示的连接信息。

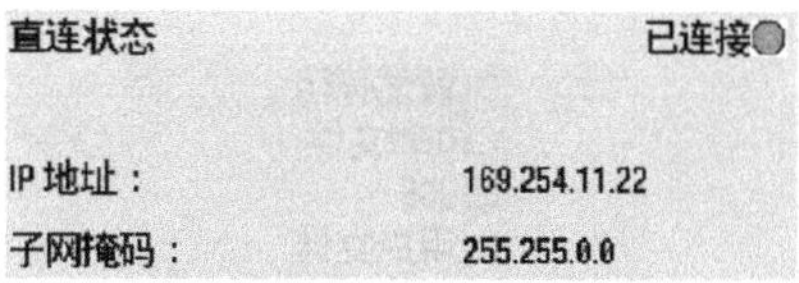

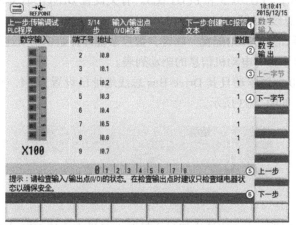

3）在计算机上打开 PLC Programming Tool 并进行相应的通信设置。

图 2-48　连接信息显示

4）在成功建立连接后，可以先将 PLC 样例程序上传至计算机，然后编辑 PLC 程序以实现所需的功能。

5）完成编辑后，将修改后的 PLC 程序下载至数控系统中。

6）在完成 PLC 程序的调试后，按该软键进入下一步。

（3）检查输入输出地址分配　在确保接线正确的情况下，在图2-49所示的界面中检查输入输出地址的分配情况。

① 选择数字量输入端子　　　　　④ 显示下一字节的输入输出地址
② 选择数字量输出端子　　　　　⑤ 返回上一步
③ 显示上一字节的输入输出地址　⑥ 进入下一步

图 2-49　输入输出点检查

（4）编辑 PLC 报警文本　PLC 用户报警可用作最有效的诊断方法之一。数控系统提供 128 个 PLC 用户报警（700xxx）。可以根据需要对 PLC 报警文本进行编辑。操作步骤如下。

1）使用光标移动"上"或"下"键选择想要编辑的报警文本。

2）按"编辑文本"软键激活屏幕底部的输入框，就可以输入长度在 50 个字符内的所需报警文本，如图 2-50 所示。报警文本可以用英文编辑，还可以按面板上的 Alt+S 组合键改为简体中文输入。

图 2-50　报警文本输入

3）按"确认"软键或面板上的黄颜色"输入"键来确认修改。

4）使用"导入""导出"软键，向图 2-51 所示的目录导入 / 导出 PLC 用户报警文本。

5）在完成报警文本的编辑后，按"下一步"软键即可进入后面的操作。此外，可以通过图

2-52 所示的操作界面在 HMI 数据区找到不同语言的 PLC 报警文本文件。

图 2-51　报警文本可导入/导出的目录

图 2-52　打开 PLC 报警文本文件

如果使用的是默认系统语言（简体中文和英文）之外的其他语言，则该语言的 PLC 报警文本文件只有在编辑了 PLC 报警文本之后才可见。同时，可以复制和粘贴这些文件来进行备份或其他自定义操作。

3. 配置驱动

在开始配置驱动之前，必须确保已通过驱动 BOP 正确设置 Drive-Bus 总线地址（P0918）。本节所述步骤仅适用于 PPU16x.3 和 PPU15x.3。有关设置 Drive-Bus 总线地址的更多内容，可参见"配置 Drive-Bus 总线地址"。

在驱动配置主界面按"开始配置"软键，数控系统即开始识别所连接的驱动和电动机。识别完成后，屏幕上会显示带有电动机信息的驱动列表。

如果已连接 V70 主轴驱动且其 Drive-Bus 总线地址已设置为 14，则数控系统会自动识别出数字量主轴并显示，如图 2-53 所示。

轴	驱动	电机
MX1	11	未配置
MZ1	13	未配置
MSP1	14	未配置

图 2-53　Drive-Bus 总线地址 14

如果已通过 PPU 接口 X54 连接模拟量主轴驱动且没有连接 V70 主轴驱动，则数控系统会识别出模拟量主轴并显示，如图 2-54 所示。

轴	驱动	电机
MX1	11	未配置
MZ1	13	ID:10009(0.4KW/1.3A/3000rpm/不带抱闸)
MSP1	模拟主轴	未配置

图 2-54　接口 X54 连接

（1）进给轴配置　如果所选轴配置了带绝对值编码器的电动机，其电动机 ID 会被自动识别出。而使用增量式编码器的电动机所驱动的进给轴的配置步骤如下。

1）使用光标键在驱动列表窗口中选择一个进给轴。

2）按"电动机配置"软键打开电动机配置窗口，如图 2-55 所示。

电机号	功率	电流	速率	抱闸类型
18	0.4KW	1.3A	3000rpm	不带抱闸
19	0.4KW	1.3A	3000rpm	带抱闸

图 2-55　电动机配置

3）使用光标键根据电动机铭牌选择正确的电动机 ID，电动机 ID 可参见电动机铭牌，如图 2-56 所示。

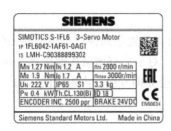

轴	驱动	电机
MX1	11	ID:10009(0.4KW/1.2A/3000rpm/不带抱闸)
MZ1	13	ID:18(0.4KW/1.2A/3000rpm/不带抱闸)
MSP1	模拟主轴	未配置

图 2-56　电动机铭牌

4）按面板上的"选择"键确认，所选的电动机信息即显示在驱动列表中。

5）重复上述步骤2）~4）以完成所有进给轴的配置。

（2）主轴的配置。

1）配置数字量主轴的方法。

① 使用光标键在驱动列表窗口中选择主轴 MSP1。

② 按"电动机配置"软键，打开主轴配置窗口，如图 2-57 所示。

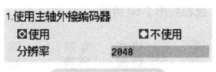

图 2-57　主轴配置

③ 使用 PPU 上的光标键设置数字量主轴使用或不使用外接主轴编码器，并设置编码器分辨率。

关于数字量主轴配置第二编码器并激活动态刚性控制（DSC）功能的更多信息，可参见"配置数字量主轴的 DSC 功能"章节。

④ 按"确认"软键，确认设置并返回电动机配置窗口。

⑤ 使用光标键根据电动机铭牌选择正确的电动机 ID。

⑥ 按"选择"软键确认选择，并返回驱动列表窗口。

2）配置模拟量主轴。

① 使用光标键在驱动列表窗口中选择主轴 MSP1。

② 按"电动机配置"软键打开主轴配置窗口，如图 2-58 所示。

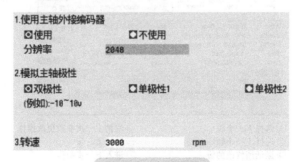

图 2-58　主轴配置

③ 使用光标键在以下窗口中根据实际应用进行选择，并且在相应的输入栏中输入相关数值。有关模拟量主轴极性的更多信息，可参见"模拟量主轴接口 -X54、主轴编码器接口 -X60"。

④ 按"确认"软键确认设置，并返回驱动列表窗口。

在完成所有进给轴和主轴的配置后，按"下一步"软键将配置结果保存在控制器和驱动中，并进入下一步。 说明：按该软键后数控系统会重启。此时，对于接有增量式编码器电动机的伺服驱动，当驱动上的"RDY"指示灯呈绿色常亮时，电动机会立即发出一声短促的"嗡"响，表明其正在识别转子的磁极位。

（3）其他注意事项

1）可以通过设置驱动参数 P1821 来更改电动机转动方向。参数 P1821 仅能在 PPU 端访问，流程如图 2-59 所示。

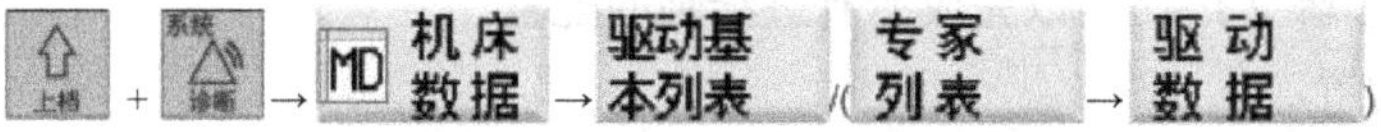

图 2-59 参数 P1821 的打开流程

2）在更改参数 P1821 之前，必须先将驱动置于"S OFF"状态，并设置驱动参数 P10=3。参数 P10 仅能在 PPU 端访问，流程如图 2-60 所示。

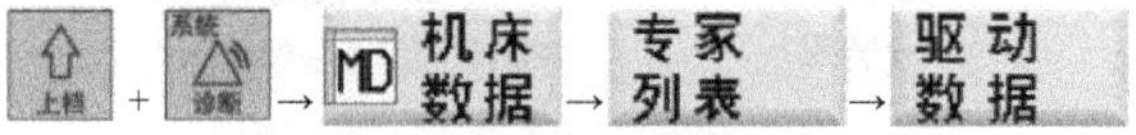

图 2-60 参数 P10 的打开流程

3）如需更多有关驱动参数的详细说明，可在相应的驱动参数屏幕按面板上的"帮助"键进行学习。

4. 设置基本参数

（1）设置进给轴参数　如图 2-61 所示，SINUMERIK 808D Advanced 可以在此调试步骤下为每个进给轴设置轴专用的机床数据。

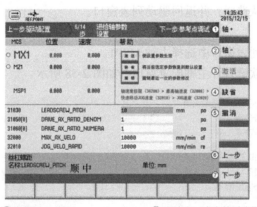

① 选择下一个轴　　　　　　⑤ 取消上一次参数更改操作
② 选择上一个轴　　　　　　⑥ 返回上一步
③ 激活所修改的值　　　　　⑦ 进入下一步操作
④ 将所选参数复位至出厂默认值

图 2-61 软件功能

轴专用参数简介见表 2-12。其中，MD36200 的数值应高出 MD32000 数值的 10%，否则会出现报警 025030。

表 2-12　轴专用参数表

编号	名称	单位	范围	描述
31030	LEADSCREW_PITCH	mm	≥0	滚珠丝杠的螺距
31050[0]	DRIVE_AX_RATIO_DENOM	—	1~2147000000	驱动端齿轮箱齿数（减速比分母）
31060[0]	DRIVE_AX_RATIO_NUMERA	—	1~2147000000	丝杠端齿轮箱齿数（减速比分子）
32000	MAX_AX_VELO	mm/min	—	最大轴速度
32010	JOG_VELO_RAPID	mm/min	—	JOG 模式下的快速移动速度
32020	JOG_VELO	mm/min	—	JOG 轴速度
32100	AX_MOTION_DIR	—	−1~1	轴移动方向（非控制方向）
36200[0]	AX_VELO_LIMIT	mm/min	—	速率监控阈值

（2）调试回参考点功能

1）回参考点功能调试时的状态。

① 零脉冲远离参考点挡块，如图 2-62 所示。涉及的机床参数为 MD34050:REFP_SEARCH_MARKER_REVERS=0。

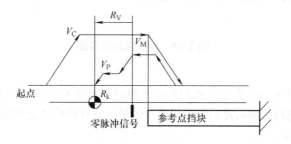

图 2-62　零脉冲远离参考点挡块

② 零脉冲位于参考点之上，如图 2-63 所示。涉及的机床参数为 MD34050:REFP_SEARCH_MARKER_REVERS=1。

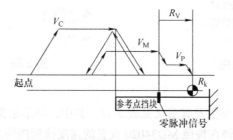

图 2-63　零脉冲位于参考点之上

图 2-62 和图 2-63 中代号的意义和对应的机床参数如下所示：

- V_C：寻找参考点挡块的速度对应 MD34020: REFP_VELO_SEARCH_CAM。
- V_M：寻找零脉冲的速度对应 MD34040: REFP_VELO_SEARCH_MARKER。
- V_P：定位速度对应 MD34070: REFP_VELO_POS。
- R_V：参考点偏移对应 MD34080:REFP_MOVE_DIST 和 MD34090:REFP_MOVE_DIST_CORR。
- R_k：参考点设定位置对应 MD34100: REFP_SET_POS [0]。

2）回参考点参数的设置。SINUMERIK 808D Advanced 可以在图 2-64 所示的窗口中设置相关机床数据，调试各轴的回参考点功能，并执行回参考点操作。同时，帮助区的提示说明能够更好地提高调试成功率。

① 选择下一个轴
② 选择上一个轴
③ 激活所修改的值
④ 将所选参数复位至出厂默认值
⑤ 取消上一次参数更改操作
⑥ 返回上一步
⑦ 进入下一步

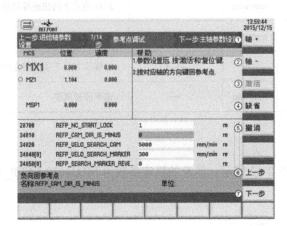

图 2-64　参考点调试界面

值得注意的是，对于由装有增量式编码器的电动机所驱动的轴，屏幕上会显示图 2-65 所示说明；而对于由装有绝对值编码器的电动机驱动的轴，系统始终在已回参考点，轴标识符旁会显示符号，如图 2-66 所示。

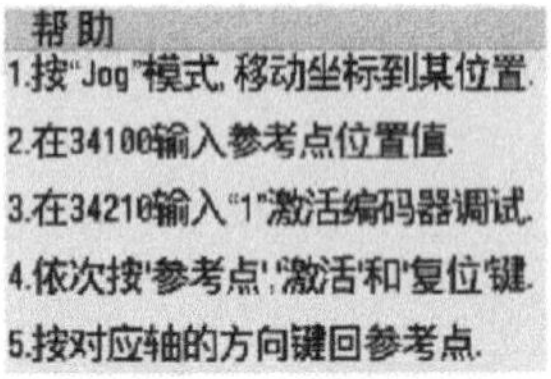

图 2-65　说明指示图

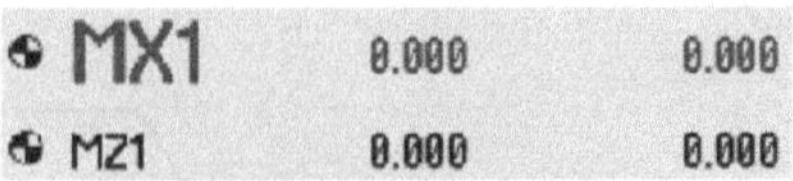

图 2-66　已回参考点

与回参考点相关的机床参数及其意义见表 2-13。其中，必须根据通过 MD34020 设定的速度来设定参考点挡块的长度。轴在按照 MD34020 设置的速度找到挡块并减速至“0”后会停留在挡块的正上方。

表 2-13　与回参考点相关机床数据表

参数编号	名称	单位	描述
20700	REFP_NC_START_LOCK	—	未回参考点时 NC 启动禁止
34010	REFP_CAM_DIR_IS_MINUS	—	回参考点的方向 0/1
34020	REFP_VELO_SEARCH_CAM	mm/min	寻找参考点挡块的速度
34040[0]	REFP_VELO_SEARCH_MARKER	mm/min	寻找零脉冲的速度
34050[0]	REFP_SEARCH_MARKER_REVERSE	—	寻找零脉冲的方向 0/1
34060[0]	REFP_MAX_MARKER_DIST	mm	检查距离参考点挡块的最大距离
34070	REFP_VELO_POS	mm/min	回参考点的定位速度
34080[0]	REFP_MOVE_DIST	mm	参考点距离（带标记）
34090[0]	REFP_MOVE_DIST_CORR	mm	参考点距离修正
34092[0]	REFP_CAM_SHIFT	mm	参考点挡块偏移
34093[0]	REFP_CAM_MARKER_DIST	mm	参考点挡块与首个零点标记间距离
34100[0]	REFP_SET_POS	mm	增量系统的参考点位置
34200[0]	ENC_REFP_MODE	—	回参考点模式
34210[0]	ENC_REFP_STATE	—	绝对值编码器的调整状态
34220[0]	ENC_ABS_TURNS_MODULO	—	旋转轴绝对值编码器的模数范围
34230[0]	ENC_SERIAL_NUMBER	—	编码器序列号

（3）主轴参数的设置　SINUMERIK 808D Advanced 数控系统在控制一个模拟量或数字量主轴时，可以通过图 2-67 所示的调试步骤，设置相关的机床数据来调试主轴。

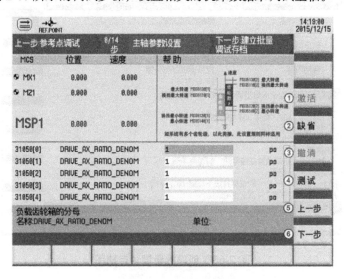

图 2-67　机床数据图

相关的机床数据见表 2-14。

表 2-14　与主轴相关的机床数据表

编号	名称	单位	范围	描述
31050[1...5]	DRIVE_AX_RATIO_DENUM	—	1~2147000000	负载主轴箱分母
31060[1...5]	DRIVE_AX_RATIO_NUMERA	—	1~2147000000	负载主轴箱分子
32020	JOG_VELO	r/min	—	JOG 轴速度
32100	AX_MOTION_DIR	—	–1~1	轴移动方向（非控制方向） –1：反向旋转 1：正向旋转
32110[0]	ENC_FEEDBACK_POL	—	–1~1	实际值符号（控制方向）
35010	GEAR_STEP_CHANGE_ENABLE			设置齿轮换挡参数
35100	SPIND_VELO_LIMIT	r/min		最大主轴转速
35110[1...5]	GEAR_STEP_MAX_VELO	r/min		齿轮换挡时的主轴最大转速
35120[1...5]	GEAR_STEP_MIN_VELO	r/min		齿轮换挡时的主轴最小转速
35130[1...5]	GEAR_STEP_MAX_VELO_LIMIT	r/min		齿轮挡的最大转速
35140[1...5]	GEAR_STEP_MIN_VELO_LIMIT	r/min		齿轮挡的最小转速
36200[1...5]	AX_VELO_LIMIT	r/min		速率监控阈值

（4）创建批量调试存档　创建批量调试存档是执行批量机床调试的前提条件。批量调试存档中包含原型机调试数据，通过这些数据可确保批量机床的设置相同，如图 2-68 所示。

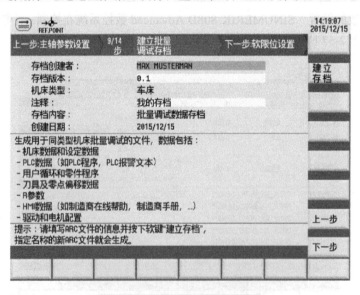

图 2-68　创建批量调试存档图

具体操作步骤如下。

1）根据需要设置存档的参数信息，如图 2-69 所示。

2）按"建立存档"软键，打开用于保存存档文件的窗口。在此窗口中必须选择文件保存目录。数据存档的名称默认为"arc_product.arc"；也可以对此默认名称进行更改，但必须输入文件扩展名".arc"，如图 2-70 所示。

存档创建者：	MAX MUSTERMAN
存档版本：	0.1
机床类型：	车床
注释：	我的存档
存档内容：	批量调试数据存档
创建日期：	2015/12/15

图 2-69　参数信息

图 2-70　存档文件

3）按"确认"软键，开始创建存档。如果选择 USB 为存档保存目录，在数据保存的过程中不得拔出 USB 存储器。

2.2.3　精度补偿与驱动优化

1. 补偿数据的设置

为了能够更好地保证加工精度，SINUMERIK 808D Advanced 为用户准备了多个补偿功能，主要包括软限位设置、反向间隙补偿、丝杠螺距误差补偿等，具体见表 2-15。其中需要注意的是，有些为选件功能必须单独开通，如"双向螺补"功能。

表 2-15　单机数据设置

步骤	任务	系统标志性界面	其他说明
1	软限位设置		根据实际需要设置软限位参数，尤其对于使用绝对编码器电动机的进给轴显得非常重要
2	反向间隙补偿		根据实际测量结果输入即可。为了提高精度，建议在各进给轴的多个位置进行测量，最后将平均数填入

（续）

步骤	任务	系统标志性界面	其他说明
3	丝杠螺距误差补偿	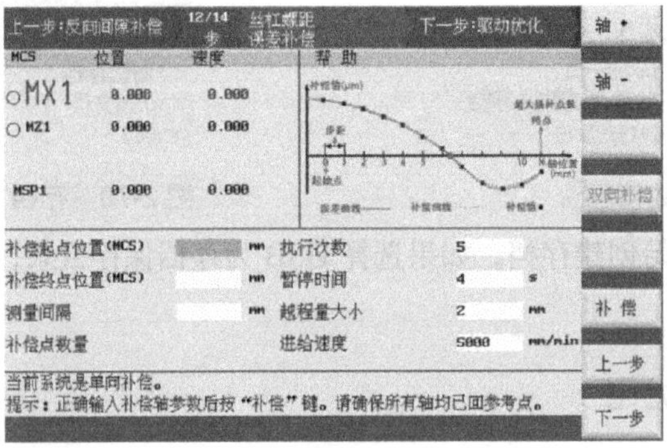	有条件的情况下，请使用激光干涉仪进行测量

2. 驱动优化

（1）优化的原理　伺服驱动器由 3 个反馈环节和 1 个顺馈环节构成，对驱动器的优化实际上也就是对各环节参数进行整定，使其动态性能和静态性能达到最优的过程。其优化实质上是对于位置环调节器、速度环调节器及位置前馈的优化，如图 2-71 所示。

位置环调节器：位置环调节器为比例调节器，驱动器中只能修改位置环调节器的比例增益。

速度环调节器：速度环调节器为比例积分调节器，在驱动器中可以修改速度环调节器的比例增益和积分时间。

位置前馈：位置前馈环节则是将位置给定直接通过一个前馈系数传递到速度调节器。

需要说明的是，从比例积分调节器的原理可以知道，比例调节的作用是加快响应速度，积分调节的作用是消除静态误差：当比例增益增大时，其响应速度加快，静态误差变小，但当比例增益过大时，则会引起系统超调和振荡；当积分时间减小时，其响应速度加快，但当积分时间过小时，也会引起系统超调和振荡。另外，反馈控制就是依靠误差实现伺服控制的，实际上误差无法消除。前馈的作用就是在误差发生前就进行近似的补偿，进一步提高了精度，相当于部分开环。而且，前馈环节没有改变系统的特征方程，因此，理论上说，其稳定性没有改变。但若前馈系数过高，倾向于完全开环，就是牺牲精度保证稳定性。

此外，在需要进行驱动器的优化时，需要遵循由里至外的原则，即首先电流环，然后速度环，最后位置环。速度环的比例增益和积分时间与负载有直接的关系，当负载的惯量较大时，速度环的比例增益也设置得相对较大，而速度环的积分时间设置得相对较小，以提高驱动系统的刚性。

一般情况下，在电动机未发生振荡时，应将速度环的比例增益设置得尽可能大，积分时间设置得尽可能小。对于位置环的增益和前馈系数，在位置环未振荡的前提下不做调节，若位置环有振荡，可降低位置环的增益和前馈系统。

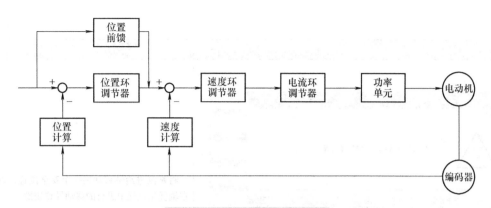

图 2-71　驱动器控制原理示例

（2）SINAMICS V70 驱动器优化操作　理论上要结合实际应用的需要，对这 4 个数据进行合理的调整。但事实上 SINUMERIK 808D Advanced 提供了一个非常方便的自动优化功能，可满足大部分时候的要求，见表 2-16。

表 2-16　单机数据设置

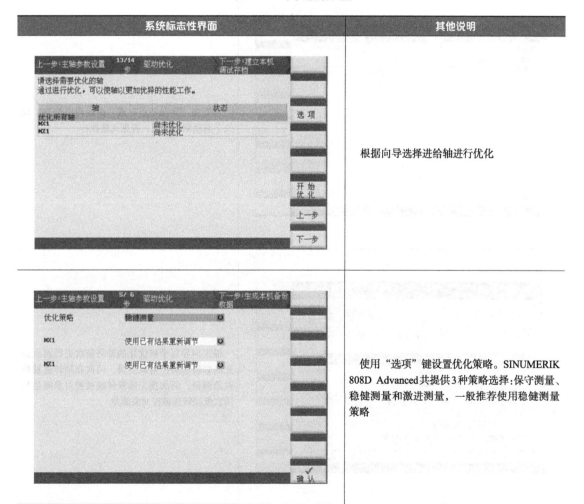

系统标志性界面	其他说明
	根据向导选择进给轴进行优化
	使用"选项"键设置优化策略。SINUMERIK 808D Advanced 共提供 3 种策略选择：保守测量、稳健测量和激进测量，一般推荐使用稳健测量策略

（续）

系统标志性界面	其他说明
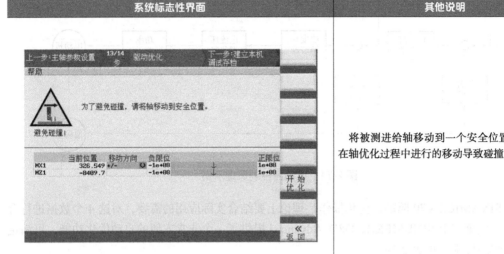	将被测进给轴移动到一个安全位置，以避免在轴优化过程中进行的移动导致碰撞
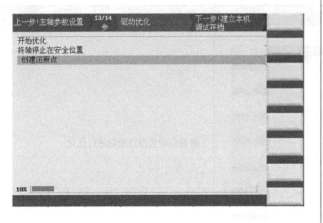	不要在"回参考点"或"单段程序控制"模式下启动驱动优化，否则无法执行
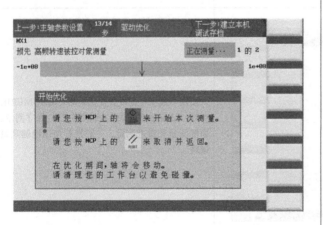	根据向导每个被优化的轴将依次进行两次预先高频转速被控对象测量，两次高频转速被控对象测量，两次预先低频转速被控对象测量和两次低频转速被控对象测量

（续）

系统标志性界面	其他说明
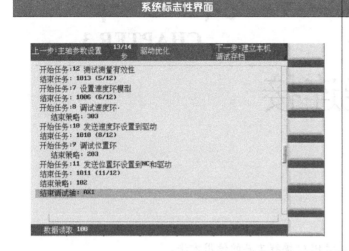	系统自动完成优化后结束调试
	可根据比对结果，现在"激活"数据或者"再次优化"

此外，在驱动优化后还需要对以下轴参数进行调整，以确保参与插补的轴加工正确。

1）位置环增益。

① 对于进给轴，取所有参与插补的进给轴中最小值填入 MD32200[0]。

② 对于参与插补且无换挡的主轴，须将此最小值填入 MD32200[1]；如有挡位，还应填入到对应挡位的 MD32200[2]~[5] 中。

2）前馈控制模式，通过 MD32620 调整所有轴的前馈控制模式一致（=3：速度前馈控制；=4：力矩前馈控制）。

3）前馈控制等效时间常量 MD32800（力矩前馈控制）或 MD32810（速度前馈控制）中的等效时间必须调整一致。以力矩前馈控制为例，对于进给轴，取所有参与插补的进给轴中最大值填入 MD32800[0]。对于参与插补且无换挡的主轴，须将此最大值填入 MD32800[1]；如有挡位，还应填入到对应挡位的 MD32800[2]~[5] 中。

4）速度环参考模型固有频率，力矩前馈控制模式下，P1433 中的参考模型频率可不同。如果为速度前馈控制，则必须保证 P1433 相同且为所有参与插补的轴（包括主轴）中最小频率值。

第3章
CHAPTER 3

本章目的

1）掌握 SINUMERIK 808D Advanced PLC 编程工具的使用方法。

2）掌握基本逻辑控制程序的编写方法。

3.1 PLC 编程基础

3.1.1 PLC 编程工具使用

1. Programming Tools的语言设置

在 PLC Programming Tool 首次安装完毕后，默认为英文操作语言。考虑到国内读者的操作习惯，可通过表 3-1 所介绍的操作步骤及方法，将软件设置为中文操作语言。

需要特别强调的是，只有在安装步骤中进行语言选择时选择了安装中文语言包（Chinese），软件才支持切换到中文语言的操作界面。

另外，如果有其他的操作语言的需要，可以在安装步骤的第三步"进入语言方式选择界面"时，选择所需要使用到的操作语言，后续的设置方法与表 3-1 中所介绍的步骤一致。

表 3-1　SINUMERIK 808D Advanced PLC Programming Tool 操作语言设置步骤示例

第一步：进入语言设置界面

启动 PLC Programming Tool 软件后，在出现的界面上端选中并单击"Tool"菜单，然后在弹出的菜单中选择"Options"命令，会出现右图所示对话框。选择对话框右下角的"Chinese（simplified）"选项即可

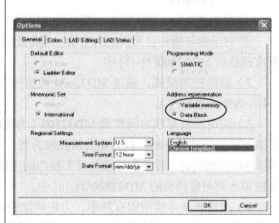

（续）

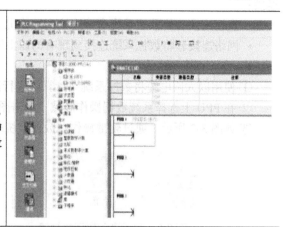

第二步：设置成功

在选中所需语言项目之后，单击"OK"按钮确认选择，并按提示继续单击"OK"按钮进行软件重启。当软件自动关闭后，再次启动软件时，可以发现所选择的操作语言设置已经生效

2. PLC Programming Tool与SINUMERIK 808D Advanced通信

（1）通过 RS232 串口通信电缆实现通信

1）PLC 通信电缆准备。对于 SINUMERIK 808D Advanced 数控系统的通信而言，计算机与数控单元的 PLC 在进行 PLC 程序下载、上传、监控等通信操作及数据交换时，可以使用 RS232 串口通信电缆实现计算机与数控单元的可靠连接。在图 3-1 中给出了使用 RS232 串口通信电缆进行连接的线路示意图，为实际应用提供参考。

此外，在选择和使用 RS232 串口通信电缆时，应严格遵循以下几点要求。

① RS232 串口通信电缆应使用多芯屏蔽电缆，每芯截面积为 $0.1mm^2$。

图 3-1　RS232 串口通信电缆连接线路示意图

② 在 PPU/X2 接口侧，应确保 RS232 串口通信电缆使用孔式 9 芯 D 形插头。

③ 在计算机侧，应根据实际情况为 RS232 串口通信电缆选择针式或孔式 9 芯 D 形插头。

④ 应确保 RS232 串口通信电缆两端插头的金属壳体通过屏蔽网相互连通。

⑤ 数控单元和计算机之间通信电缆的连接或断开操作，必须在断电状态下进行。

2）PLC Programming Tool 的通信设置。在语言设置结束后，就可以使用 PLC Programming Tool 进行数控系统与计算机之间的 PLC 程序的数据通信及数据交换工作了（包括 PLC 程序上传、下载、监控等）。

要使用 PLC Programming Tool 实现数控系统与计算机之间的 PLC 程序的数据交换，首先必须确保通信连接工作的正确性。一般来说，通信连接工作主要包括以下两个方面。

① 使用 RS232 串口通信电缆，正确地进行数控系统与计算机之间的通信串口连接。

② 在数控系统端和计算机上的 PLC Programming Tool 软件端，正确地进行通信参数设置。

在首次进行 RS232 通信串口连接时，需要首先对 SINUMERIK 808D Advanced PPU 端进行相关的通信参数设置，使系统进入通信等待状态，以确保通信连接的有效性。

（2）通过以太网口直接通信　SINUMERIK 808D Advanced PPU 可以通过以太网接口

（X130）在数控系统与安装有 PLC Programming Tool 的计算机之间建立连接。可实现以下以太网连接：

- 直接连接：将数控系统直接连接到计算机。
- 网络连接：将数控系统连接到现有的以太网络中。

1）建立直接连接的步骤。

① 使用以太网电缆将数控系统与计算机进行连接。

② 在 PPU 上选择系统数据操作区域，单击图 3-2 所示的扩展软键查看。

③ 如图 3-3 所示，通过软键操作在数控系统端建立直接连接。

图 3-2　用于进入界面的软键　　　图 3-3　建立直接连接的操作流程

此时，屏幕上会出现图 3-4 所示的地址对话框。

④ 在计算机上打开 PLC Programming Tool，然后在工具栏中单击"存储"按钮即可打开图 3-5 所示的连接设置对话框。

⑤ 双击接入点符号，显示"Set PG/PC Interface"对话框，如图 3-6 所示。

图 3-4　地址显示对话框

图 3-5　连接设置对话框

图 3-6　"Set PG/PC Interface"对话框

选择带有计算机以太网卡名称的"TCP/IP"，然后单击"OK"按钮，如图 3-7 所示。

⑥ 在通信设置对话框中输入数控系统的 IP 地址（见连接设置对话框）。

⑦ 在通信设置窗口中双击图 3-8 所示的符号，建立与指定 IP 地址间的连接。等待数秒直至识别到所连接的数控系统，出现图 3-9 所示画面，此时连接已就绪。

2）建立网络连接的步骤。

① 使用以太网电缆将数控系统连接到本地网络。

② 在 PPU 上选择系统数据操作区域。

③ 使用图 3-10 所示的扩展软键查看。

通讯参数

远程地址

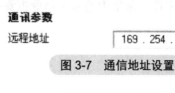

图 3-7　通信地址设置

图 3-8　刷新按钮

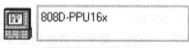

图 3-9　连接成功

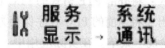

图 3-10　软键操作

④ 按"网络信息"软键，就可以进入网络配置窗口。此时，须保证垂直软键"直接连接"未激活。

⑤ 在图 3-11 所示窗口中配置所需的网络参数。

按"选择"软键可配置 DHCP。当 DHCP 栏选择"否"时，必须手动输入 IP 地址（必须与计算机处于同一网段）和子网掩码。当 DHCP 栏选择"是"时，则需要重启数控系统以激活网络配置。

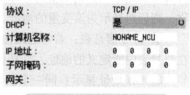

图 3-11　网络参数的配置

⑥ 参照直接连接的步骤在计算机上进行 PLC Programming Tool 的通信及连接设置。

3. PLC Programming Tool的操作

PLC Programming Tool 软件具有强大的 PLC 通信及编译功能，详细的功能和拓展有待读者自己进行深入的研究，本节在此主要针对该软件的基本操作及常用功能进行简单介绍。图 3-12 所示为 PLC Programming Tool 软件的操作界面示意图，操作主界面主要分为菜单栏、工具栏、检视栏、指令树和编辑区等几个部分。

图 3-12　PLC Programming Tool 软件的操作界面示意图

（1）菜单栏　菜单栏位于 PLC Programming Tool 软件上端第一行，主要包括"文件"菜单、"编辑"菜单、"检视"菜单、"PLC"菜单、"排错"菜单、"工具"菜单、"视窗"菜单及"帮助"菜单。一般来说，在实际应用中，"文件"菜单和"检视"菜单使用得较为频繁。

1）"文件"菜单。在实际应用中，被频繁使用到的"文件"菜单中的常用命令主要有以下几种。

① 保存：保存当前的 PLC 程序，存储为 PTP 格式。

② 另存为：将当前 PLC 程序保存到另一个路径或程序名下。

③ 引入：将外部 PTE 格式的 PLC 程序文件打开。

④ 引出：将当前的 PLC 程序保存为 PTE 格式的程序文件。

2）"检视"菜单。在实际应用中，被频繁使用到的"检视"菜单中的常用命令主要有以下几种。

① 符号寻址：若勾选此命令，则表示程序中的变量名称将显示为符号表中所定义的名称；若未勾选此命令，则变量的名称将直接显示为该变量的地址。此外，若变量未在符号表中定义名称，则仍然显示为该变量的地址。

② 符号信息表：若勾选此命令，则在 PLC 程序中的每个网络下方，显示本段程序所用变量在符号表中所定义的地址、符号和其详细信息；若未勾选此命令，则什么都不显示。

③ DB 地址显示：同一个接口信号的不同显示方式（如 DB3800.DBX1.5 与 V38000001.5 代表同一条指令符号，通过使用该功能，可以依照使用者的习惯给出不同的显示方式）。

④ 浏览栏、指令树和输出视窗：若选择对应功能，则在软件界面中显示相应的工具窗口。

⑤ 属性：可用于编辑子程序中的注释内容及设定子程序密码保护。

（2）工具栏　工具栏位于菜单栏的下方，通过使用各种符号来显示每个按键的作用。在实际应用中，经常会使用到的工具有以下几个。

1）编译：对所编写的 PLC 程序进行编译，如果有错误则会有所提示。

2）载入：将 PLC 程序从 SINUMERIK 808D Advanced PPU 上传到计算机中。

3）下载：将 PLC 程序从计算机下载到 SINUMERIK 808D Advanced PPU 中。

4）运行：使 SINUMERIK 808D Advanced PPU 中的 PLC 程序进入运行工作的状态。

5）停止：使 SINUMERIK 808D Advanced PPU 中的 PLC 程序进入停止工作的状态。

6）程序状态：监控 SINUMERIK 808D Advanced PPU 中所运行的 PLC 程序的通断状态。

7）梯形图绘线：写 PLC 程序时所用到的连接线。

8）插入接点及线圈：写 PLC 程序时所用到的通断接点及线圈。

9）插入程序块：写 PLC 程序时所用到的相关子程序段。

同时，在图 3-13 中给出了以上所列的常见功能在软件界面中所对应的具体的功能标识符，帮助读者更加形象地理解相对应的功能及指示标识，为实际使用提供参考。

（3）其他　除了上述所提及的操作界面部分外，在 PLC Programming Tool 软件的主页面中，经常使用到的操作功能区还包含检视栏、指令树、输出窗口及主编辑区。在图 3-14 中，对于每个操作功能区所对应的实际位置也进行了相应的标注。

1）检视栏。检视栏主要包含程序块、符号表、状态图、数据块、交叉引用和通信指令。

2）指令树。指令树除了包含检视栏中的所有内容外，还包含 PLC 程序指令表。在"程序块"位置可以单击其左侧的"+"号展开，展开后可以看到 PLC 程序中所包含的全部子程序；符号表、状态图和数据块也可以使用同样的方法展开。此外，指令树中的"指令"项，包含所选

PLC 类型所支持的全部指令, 为实际的 PLC 编写提供参考依据。

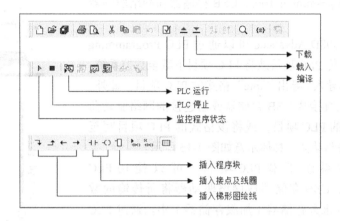

图 3-13 PLC Programming Tool 软件工具栏常用功能标识符说明 1

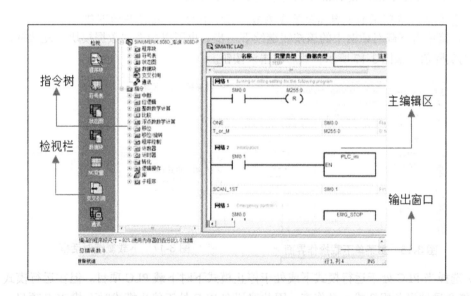

图 3-14 PLC Programming Tool 软件工具栏常用功能标识符说明 2

3) 主编辑区。主编辑区用于进行 PLC 程序的编写操作。

4) 输出窗口。在对 PLC 程序进行编译之后, 在输出窗口中会显示相应的程序信息。如果程序语法没有错误, 则会显示总错误数为 0; 如果程序语法有错误, 则会显示总错误的个数, 并且可以显示某个子程序的某个网络的某行某列存在错误, 移动输出视窗的滚动条到相应的错误指示位置, 双击鼠标左键, 主编辑界面会自动跳转到程序中的错误位置, 便于进行错误查询。

4. 程序操作

SINUMERIK 808D Advanced 可以通过下列方式在数控系统上对 PLC 项目进行保存、复制或覆写操作：PLC Programming Tool、USB 存储器和网络驱动器PLC 项目。

SINUMERIK 808D Advanced 可以通过 PLC Programming Tool 从数控系统上传 PLC 项目或将 PLC 项目下载至数控系统。还可以借助该工具导入 / 导出 ".pte"格式的 PLC 项目。此外，还可在数控系统上直接从 USB 存储器或已连接的网络驱动器读取 ".pte"格式的 PLC 项目，或将该格式的 PLC 项目写至USB 存储器或网络驱动器。具体示意如图 3-15 所示。

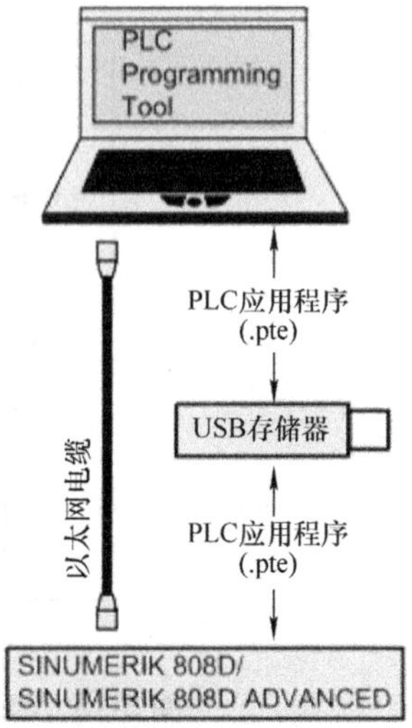

图 3-15　PLC 程序传输方式

（1）向数控系统下载 PLC 项目　可以使用 PLC Programming Tool、USB 存储器或网络驱动器将所传输的数据写入数控系统的永久存储器（加载存储器）中。通过 PLC Programming Tool 下载 PLC 项目要进行以下步骤。

1）在数控系统与 PLC Programming Tool 之间建立通信。

2）在 PLC Programming Tool 中打开所需的 PLC 项目。

3）选择图 3-16 所示的主界面菜单或单击工具栏中的 ⬓ 按钮开始下载。

4）直接单击下载对话框中的该按钮继续下一步。也可以勾选"数据模块"复选框以加入数据模块的实际值，如图 3-17 所示，然后单击该按钮。

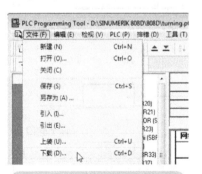

图 3-16　主菜单下载操作界面

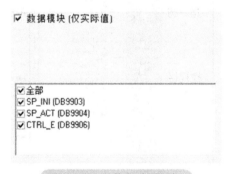

图 3-17　下载复选对话框

5）选择当 PLC 处于运行模式下或处于停止模式下时下载 PLC 项目。但在运行模式下进行下载可能会导致设备损坏或人身伤害，因此建议在 PLC 处于停止模式时下载 PLC 项目。如果选择当 PLC 处于停止模式下时下载，则可使用 PLC Programming Tool 再次将 PLC 置于运行模式（单击 ▶ 按钮）。

6）下载开始并将持续几秒时间。

7）当出现图 3-18 所示的对话框时下载结束。

SINUMERIK 808D Advanced 也可以通过 USB 存储器或网络驱动器上传和下载 PLC 项目，可以自己尝试，这里就不展开说明了。

（2）从数控系统上传 PLC 项目　SINUMERIK 808D Advanced 可以通过 PLC Programming Tool、USB 存储器或网络驱动器将数控系统永久存储器中的 PLC 项目进行备份。通过 PLC Programming Tool 上传 PLC 项

图 3-18　下载结束

目的操作步骤如下。

1）在数控系统与 PLC Programming Tool 之间建立通信。

2）选择图 3-19 所示的主界面菜单命令或单击工具栏中的"新建"按钮，新建一个空白的 PLC 项目。

3）选择图 3-20 所示的主界面菜单命令或单击工具栏中的"上装"按钮 ▲，开始上传。

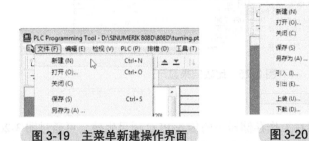

图 3-19　主菜单新建操作界面　　　　图 3-20　上传操作界面

4）直接单击该按钮继续下一步。也可以勾选图 3-21 所示的"数据模块"复选框以加入数据模块的实际值，然后单击"OK"按钮。

5）当以下消息出现时上传结束，如图 3-22 所示。

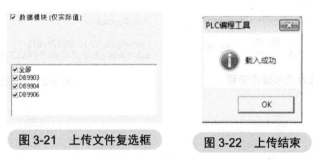

图 3-21　上传文件复选框　　　　图 3-22　上传结束

6）再次单击"上传"按钮，可查看上传结果。

（3）比较 PLC 项目　SINUMERIK 808D Advanced 可以将 PLC Programming Tool 中打开的项目与数控系统上存储的程序进行比较，操作方法如图 3-23 所示。

1）从主界面菜单中选择以下项目，也可以勾选图 3-24 所示的"数据模块"复选框以加入数据模块的实际值。

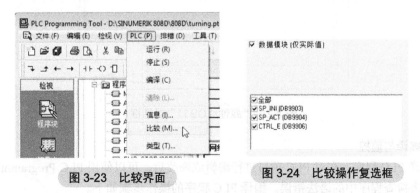

图 3-23　比较界面　　　　图 3-24　比较操作复选框

2）单击"起始"按钮，比较开始，数秒之后就可以查看比较结果了，如图 3-25 所示。

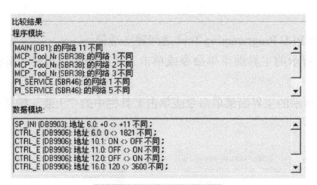

图 3-25　比较结果显示

5. 版本显示

数控系统引导启动后，保存在工作存储器中的传入 PLC 项目生效。可通过图 3-26 所示的软键操作在版本显示中查看当前有效的 PLC 应用程序的详细信息。查看的操作流程如图 3-26 所示。

在 PLC Programming Tool 中，右击 OB1 程序块并选择快捷菜单中的"Properties"命令。在打开的"属性（OB1）"对话框中，可在注释文本框中为 PLC 应用程序添加附加信息。然后，在数控系统的版本显示中，可查看到所加信息，如图 3-27 和图 3-28 所示。

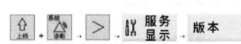

图 3-26　版本显示操作流程

PLC_Application:

turning.ptp 09:15 30/12/2015
Subroutine Library Falcon II V00.02.03 for turning 30/12/2015

图 3-27　版本信息

图 3-28　"属性（OB1）"对话框

6. 程序编译与监控

（1）编译 PLC 程序　在对 PLC 项目进行编辑或修改后，可以使用 PLC Programming Tool 中的编译功能来检查程序中的语法错误。编译 PLC 程序的操作步骤如下。

1）在 PLC Programming Tool 中新建或打开现有的 PLC 项目文件，编辑之后保存。

2）单击工具栏中的 ▷ 按钮，或从主界面菜单中选择图 3-29 所示的命令开始编译。

3）等待数秒直至编译完成。此时，可以通过主界面底部的消息窗口查看编译结果。

（2）监控程序状态 首先，在查看状态以监控或调试程序之前，必须确保已完成以下状态。

1）已成功编译程序。

2）PLC Programming Tool 和数控系统间的通信已建立。

3）已成功下载程序至数控系统中。

当 PLC 处于运行模式时可以使用工具栏按钮或图 3-30 所示的菜单命令来监控 PLC 程序的在线状态。程序编辑窗口中的蓝色线框表示在线连接状态。

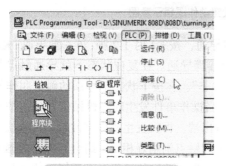

图 3-29　编译操作界面

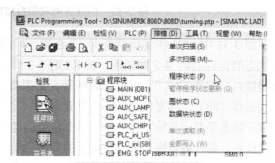

图 3-30　程序监控操作

3.1.2　实战基本逻辑控制程序

1. 双联开关控制电路的制作

核心元器件采用两种不同的自锁按钮，带两常开两常闭触点，实际只用一常开一常闭触点，没有 PLC，电路原理图和连接效果如图 3-31 所示。连接时注意开关的引脚号。

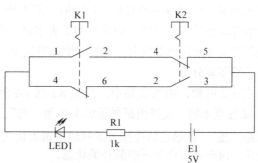

图 3-31　电路逻辑关系实验示意图

2. 元器件动作逻辑分析

自锁按钮 K1 和 K2 是两种不同的按钮。K1 的公共端是 1 脚和 4 脚，而 K2 的公共端是 2 脚和 5 脚。于是它们在同样的"按下"和"复位"状态下，有不同的导通关系，它将决定电平状态的传递关系，如图 3-32 所示。这就要求接线时要注意引脚号。

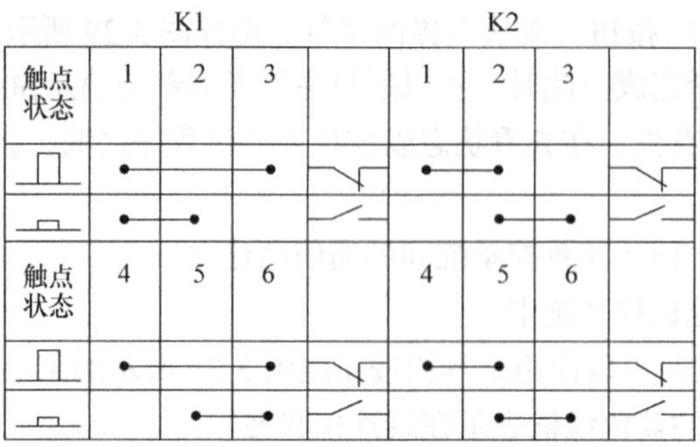

图 3-32 两常开两常闭自锁按钮动作逻辑示意图

在图 3-32 中，K1 在复位状态时，1-3 脚、4-6 脚导通，按 K1 时 1-2 脚、5-6 脚导通；K2 在复位状态时，1-2 脚、4-5 脚导通，按 K2 时 2-3 脚，5-6 脚导通。在复位状态下就导通触点的叫作常闭触点，记作"NC"，当按下时断开，其逻辑为"非"。在按下状态下导通的触点叫作常开触点，记作"NO"，当复位时断开，其逻辑为"是"。当操作事件发生时，机械位置到达按下位置，常开触点导通，其输入端的电平状态就会传递到输出端。再次发生操作事件时，机械位置到达复位位置，常开触点恢复断开，电平的传递阻断。常闭触点则刚好相反。组合开关会根据开关串并联电路结构对输入信号进行逻辑变换，并输出结果，即电路结构已经含有逻辑功能（相当于程序）。

开关按下或复位的瞬间，发生了操作事件，此时若开关输出电平状态发生反转，则产生了事件信号，即上升沿或下降沿。这就是一个操作事件将在 PLC 程序里产生的映射事件。为了尽量真实地还原操作事件，在使用 PLC 时要尽量简化输入输出电路，减少电路结构对操作逻辑的改变。值得注意的是，当按钮、开关或继电器动作时，变化的操作状态经过机械结构和电路结构的传递，常闭触点的断开和常开触点的导通一般并不是在同一时刻发生，而是常闭触点先断开，常开触点再导通，中间有一个常开、常闭触点都不导通的短暂过程。这个细节实际也是一个状态，有阻断组合状态传递的功能，但常被初学者忽略。它为点动 / 自保切换控制带来了便利，也为二进制拨码开关带来误码的机会。在程序中忽略这个细节的处理就会造成故障。

3. 电路逻辑分析

由表 3-2 可知，两条支路中，开关 K1 的 1-2 触点和 K2 的 4-5 触点串联；K1 的 4-6 触点和 K2 的 1-2 触点串联。支路内部的逻辑关系为"与"。两条支路之间是并联关系，则两条支路的逻辑关系是"或"。各触点的连接关系写成逻辑表达式是 $A\bar{B}+\bar{A}B=A\oplus B$ 的形式，即此电路是一个异或电路。由电路可得如下控制开关状态。

表 3-2 开关状态与 LED 状态真值表

序号	K1	K2	LED1
1	复位	复位	灭
2	按下	复位	亮
3	复位	按下	亮
4	按下	按下	灭

当开关状态相同时，LED1 不亮；当开关状态不同时，LED1 点亮。可见，异或电路具有自动比较开关状态异同的逻辑功能。

4. 电路状态反转分析

状态是在一定时间内保持不变的，是静态的；而事件是在某一时刻发生的，是动态的。事件的发生可能会根据某种逻辑颠覆某个状态。伴随状态的改变，因逻辑条件耦合，也会引发某种事件。在电气控制中，开关元器件一般都是二值化的，只有高电平、低电平两个状态和上升沿、下降沿两个事件。所以，控制电路的状态事件分析一般只考虑布尔状态的组合就可以了。下面模仿编码器的 AB 相 TTL 信号测试图 3-33 所示异或电路。

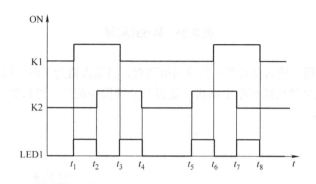

图 3-33 异或电路测试时序图

（1）由测试过程分析状态变迁条件 在 t_1 时刻按下 K1，在 t_2 时刻按下 K2，在 t_3 时刻又按了一下 K1，在 t_4 时刻又按了一下 K2。接着又在 t_5 时刻按下 K2，在 t_6 时刻按下 K1，在 t_7 时刻又按了一下 K2，在 t_8 时刻又按了一下 K1。产生了 K1、K2 的动作时序。记录 LED1 的状态变化，可见，只要 K1、K2 状态不一样时 LED1 就亮，这就是 LED1 状态变迁的条件，完全符合电路逻辑分析，且任何操作下都成立。

（2）由状态变迁过程分析事件细节

1）状态映射。从表 3-2 可以看出，每当 K1、K2 发生操作事件，它们本身的电平状态都会发生反转。LED1 的状态变化过程不仅反映了两个开关状态的异同，而且每当任意开关发生操作事件时，LED1 也都发生一次状态反转事件，反转次数还原了两个开关所有操作次数的总和。在 K1、K2 的状态都变化一个周期的过程中，LED1 的状态变化了两个周期。

2）状态识别。脉冲编码器的信号发生过程总是两相各来一个上升沿，再各来一个下降沿。对应本电路仿真，如果一个开关的信号先发生，则这个信号将在 LED1 亮灭 1 次（两个上升沿之间）的时间内保持不变；如果一个开关的信号后发生，则这个信号将在 LED1 灭亮 1 次（两个下降沿之间）的时间内保持不变，这便得到编码器判断运动方向的依据。

5. 从电路到PLC程序

异或逻辑有很多神奇的功能，按照其电路结构也可构成各种基本逻辑控制程序，结合状态事件分析巧妙应用，能帮助初学者迅速理解 PLC 程序的运行机制，构建精妙的程序，达到庖丁解牛的效果。

首先连接输入输出电路，然后将电路结构移植到 PLC 程序。

（1）比较器 异同比较是异或逻辑的基本功能。如图 3-34 所示，I0.0 I0.1，Q0.0=1。

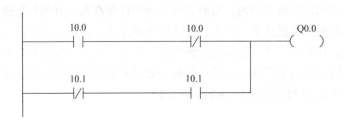

图 3-34 异或比较器

（2）无稳态振荡器　输入值和前一次输出值比较，当输入值为 1 时，构成无稳态振荡器。此程序可用于调试步进电动机或伺服电动机驱动器和分频程序配合，可得到 PLC 扫描频率的偶倍分频，如图 3-35 所示。

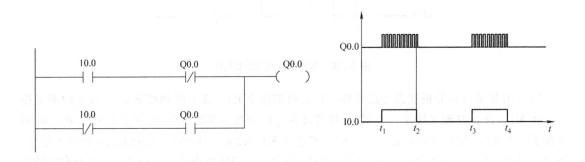

图 3-35 无稳态振荡器

（3）双稳态开关　输入值和前一次输出值比较一次，每当输入值为 1 时，输出状态就反转一次。此程序可用于单键开关或二分频器。多个联用还可构成多位计数器，如图 3-36 所示。

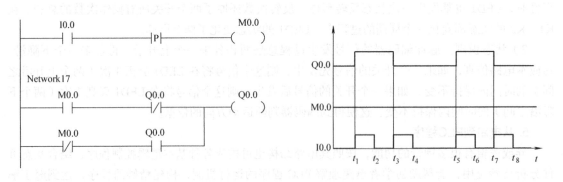

图 3-36 双稳态开关

（4）多位计数器　多个双稳态开关联用可构成多位计数器，以下降沿进位为增计数，以上升沿进位为减计数。此程序可构成简易状态计数器或步骤计数器，如图 3-37 所示。

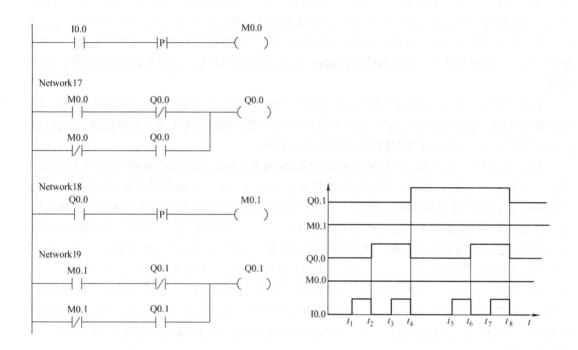

图 3-37　计数器

（5）状态锁存器　保留异或逻辑的结构形式，重新定义每一位的功能，并且多个联用，能实现状态传递、锁存的功能。可寄存状态判断的结果，记忆最后一步状态迁移的节点，也可以当成普通自锁、互锁、点动程序来用，如图 3-38 所示。

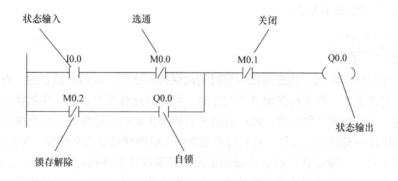

图 3-38　状态锁存器

3.2　功能接口连接

SINUMERIK 808D Advanced 数控系统的 PLC 程序下载后，设置过一些 PLC 机床参数。实际上，这些 PLC 机床参数就是一部分接口数据。如 MD14510[12] 是一个 16 位整型数。把它设置为"1"，MCP 的键盘就设定为斜床身车床的操作面板。实际上，是 PLC 程序在执行一个名叫"MCP_NCK"的子程序时，将 MCP 上的按键一个一个连接到对应的 NC 功能。每个键和每个 NC 功能都有一个接口地址，PLC 程序用逻辑关系将这些地址联系起来，NC 获得接口信号指令后就会执行相应的功能。于是，在满足一定条件时，有效的操作会得到一个功能响应。这种功能实现了接口的操作动作→某个键的机械动作→电信号→接口信号→系统功能这样的跨物理结构连接。

上述例子中，MD14510[12] 的接口地址是 DB4500.DBW24（显示形式由通用机床参数定义），功能被定义为"选择运行键布局"。PLC 在处理按键功能连接时会考虑这个参数的值，选择符合选项的连接程序，使键盘布局能够柔性匹配不同的机床。

由以上可知，学习 SINUMERIK 808D Advanced 数控系统的 PLC 编程应该从两方面入手：一方面是针对 PLC 编程工具和基本逻辑编程的学习；另一方面是针对 SINUMERIK 808D Advanced 功能接口体系的学习。然而，一个控制程序是对现实状态事件进行映射、处理之后，再反过来作用到现实事件中，从而改变现实状态的。因此，构建任何一个程序，关键既不在编程指令应用，也不在系统资源熟悉，而在于状态事件分析。这就是要非常清楚地知道什么时候一定要处理什么情况、杜绝什么情况；要分析状态还是事件、过程还是结果；状态变迁的条件是什么，判断状态的依据是什么。有两个重点：一是正确识别和映射现实状态；二是安排好控制过程状态迁移关系和迁移条件。基于状态事件分析构建出来的程序具有生长性和鲁棒性，就是胜任继续升级发展，任意调整。在此基础上，开始 SINUMERIK 808D Advanced 数控系统的 PLC 编程，必将事半功倍。

3.2.1 机电控制与故障诊断基础

本章内容

1）了解状态事件分析方法。
2）掌握故障诊断基本方法。

状态事件分析入门

在上一节中已经了解到，状态是在一定时间内保持不变的，是相对稳定的，而事件是在某一时刻发生的，是动态的。当某种逻辑事件发生时，可能会迁移某个状态。伴随状态的改变，当满足某种条件时，也会引发某种事件。PLC 对机电装置的正常控制过程是：状态映射→状态识别→触发状态迁移事件→实现状态迁移。控制过程总能够按时序列出状态事件表。按行表示状态过程，按列表示过程事件。一般正常过程总是按固定的状态事件表循环执行。什么时候就有什么状态，就得处理什么事件。若应达到的状态没达到，或应发生的事件没发生，就是故障；同样没有预期的状态达到了或没有预期的事件发生了，也是故障。状态事件分析法正适合分析复杂的故障逻辑。图 3-39 所示为一台八工位刀架的传动结构。它主要有两部分，即鼠牙开合机构和槽轮换刀机构。图 3-39 中，左上角是鼠牙开合机构的爆炸图，左下角是鼠牙开合机构装配完成的效果。齿轮空套在转轴上，带动一个有 3 处均布凸块的凸轮盘，用来同步推动一个有 3 个均布滚轮的鼠牙盘。齿轮每转 30°，鼠牙盘就完成一个动作；右上角是一个槽轮机构，其凸轮轴转一圈，槽轮转 90°。

图 3-39　八工位刀架传动机构

　　如图 3-40 所示，动力从凸轮轴输入，凸轮轴底部有齿轮与凸轮盘的齿轮啮合，传动比为 1:3。槽轮输出与转轴之间还有 1:2 的传动比。

图 3-40　八工位刀架传动系统装配

　　整套机构工作过程可用状态事件表描述，见表 3-3。

表 3-3　八工位刀架换刀过程状态事件分析

凸轮轴	凸轮盘	状态	槽轮	转轴	滚轮事件	鼠牙盘事件	夹紧信号事件
0°	0°	鼠牙盘啮合	0°	1号刀位			
45°	15°	鼠牙盘松开中			开始爬坡		撞块离开
90°	30°						
120°	40°					松开	
135°	45°	鼠牙盘已松开	0°	0°	爬坡结束		
180°	60°		45°	22.5°			
225°	75°		90°	45°	开始下坡		
240°	80°		90°	2号刀位			
270°	90°	鼠牙盘啮合中					
315°	105°				下坡结束	啮合	撞块接近
360°	120°	鼠牙盘啮合					

表 3-3 中，以行呈现状态变迁的过程，一个状态保持着一种运动状态，当满足某种条件时就会触发某种事件，事件可能颠覆原有状态。从表 3-3 中可以看出，由凸轮轴—槽轮—转轴构成的换刀机构（橙色高亮记录）和凸轮盘—滚轮—鼠牙盘构成的夹紧机构（灰色高亮记录），因为有统一事件发生时机和正确的传动关系，得以默契配合。若啮合位置错位，如凸轮盘错位 15°（也就是凸轮盘所有的角度 +15°），这意味着鼠牙盘相关的动作都要提前 15°，无法与槽轮配合，于是刀架卡死。这只是此刀架本身机械动作逻辑的分析。状态、事件可以任意增减，互不影响。例如，可以再加上编码器信号，将 PLC 程序状态一并考虑进去，甚至加上故障事件，合理分组比较后可发现故障状态，由此可轻松找到故障原因。

3.2.2　标准例程监控

SINUMERIK 808D Advanced 数控系统内部集成有 S7-200 PLC。在 PLC 内部的用户数据区（V 区）定义了大量接口数据。PLC 程序可以通过这些接口数据读写 NCK、MCP 和 HMI，如图 3-41 所示。原型机提供了标准子程序，用于协调各种功能的执行。下面选出几个典型的子程序加以分析说明。要通过实际监控，体会接口信号的作用和使用方法。

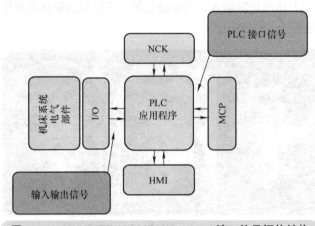

图 3-41　SINUMERIK 808D Advanced 接口信号拓扑结构

SINUMERIK 808D Advanced 数据系统中预置了标准的 PLC 程序，且车床版与铣床版的 PLC 程序相互独立，不能混用。需要注意的是，标准 PLC 程序样例只是提供了 PLC 程序编辑的主要模板，在实际应用中，还是要根据机床配置和安装接线的实际情况，对预置的 PLC 程序进行修正。

PLC 程序块的执行和调用是按一定规则进行的，根据程序执行时所调用的机制不同，可以将 SINUMERIK 808D Advanced 数控系统标准 PLC 程序样例中的程序块分为两类：一类是系统所调用的程序块，称为主程序，根据 PLC 的循环扫描原理，系统循环调用该程序；另一类是主程序所调用的子程序块，也称为用户程序，这一类程序块由主程序或其他程序调用后得以执行。

在标准 PLC 程序中，主程序只有一个，每个循环扫描周期，主程序会被执行一遍。同时，主程序执行过程中可以调用子程序，子程序最多可以有 64 个，名称为 SBR0~SBR63。只有在主程序中编辑了调用指令，相关的子程序块才可以被执行。

（1）标准 PLC 程序在 SINUMERIK 808D Advanced 数控系统中的通信　对于 SINUMERIK 808D Advanced 数控系统中预置的 PLC 程序来说，除了自身的输入输出及内部变量存储区外，与系统的 NCK、机床操作面板 MCP、HMI 等也有相关的数据通信区，简称为 PLC 接口信号。可以说，正是通过数控系统内的 PLC 应用程序及相关的数据通信区，才使 SINUMERIK 808D Advanced 数控系统中的 NCK 通道、HMI、NCK 轴、外部 I/O 和 MCP 之间相互关联，从而完成对于系统及机床整体的控制过程。

需要说明的是，在 SINUMERIK 808D Advanced 系统中，不同变量的存取有不同级别的权限设定和要求，并通过不同的标识符进行标注。例如，标识符 [r] 表示只读，即此 PLC 接口信号只能读取该变量，但是不能进行控制和修改；而标识符 [r/w] 则表示可读写，即此 PLC 程序接口信号不仅可以读取该变量，还可以根据需要对该变量的值进行控制和修改。

在图 3-42 中，简要描述了 SINUMERIK 808D Advanced 系统中 PLC 程序信号与 NCK 通道、HMI、NCK 轴、外部 I/O 及机床操作面板之间的关联性。

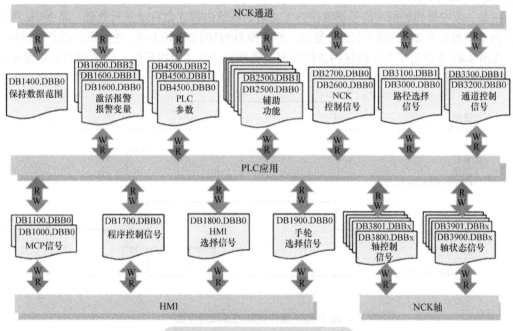

图 3-42 PLC 接口信号关联示例

（2）SINUMERIK 808D Advanced 数控系统中标准 PLC 程序块简述   在本节内容中，将主要以 SINUMERIK 808D Advanced 数控系统中标准 PLC 程序样例为基础，结合实际应用中的 PLC 编写逻辑和编写习惯，对 PLC 程序控制中几个主要的部分进行分析，并根据实际的应用经验进行相应的补充和介绍，帮助读者加深对 SINUMERIK 808D Advanced 数控系统中 PLC 程序控制的理解，并可以根据实际需要进行简单的修正和使用。

前文已经介绍，在 SINUMERIK 808D Advanced 数控系统中西门子预置了标准的 PLC 程序样例，在样例中通过子程序块的调用，可以基本满足主要的应用需求。而在这些子程序块中，急停程序块、手轮程序块、主轴程序块、车床的刀架程序块以及铣床的刀库程序块，是实际应用中最为广泛，也是最容易在 PLC 程序编辑中出现疑惑和问题的部分。本节即结合 SINUMERIK 808D Advanced 标准 PLC 程序样例中对于这几个功能块的控制原理、逻辑动作及实际应用，进行重点的介绍和补充说明。

1）急停。在 SINUMERIK 808D Advanced 标准 PLC 程序中，外部急停信号直接送到 PLC 的输入点后，对于 PLC 程序中急停子程序块的处理过程，可以大致分解为以下几个处理步骤。

将急停信号送到地址 DB2600.DBX0.1 中，使得 DB2600.DBX0.1=1（同时复位急停应答的 PLC 接口地址，即使得 DB2600.DBX0.2=0）。

系统内部的 NCK 直接读取 DB2600.DBX0.1 的状态，当该位状态为 1 时，NCK 触发急停。

在 NCK 触发急停的同时，会在系统内部设置 PLC 接口地址 DB2700.DBX0.1=1，从而将系统进入急停状态的信息反馈给 PLC。

在外部急停消失后，系统内部的 NCK 不能自动复位，需要在 PLC 程序中触发急停应答的 PLC 接口地址信号 DB2600.DBX0.2=1（同时复位急停判定的接口地址 DB2600.DBX0.1=0），并同时需要操作人员配合，按操作面板上的复位键，将复位键的 PLC 接口信号进行置位操作，即使得 DB3000.DBX0.7=1。

在上一条中提到的两个信号都置位为 1 之后，系统内部才会自动进行处理，将 NCK 急停反馈的 PLC 地址信号 DB2700.DBX0.1 复位，即使得 DB2700.DBX0.1=0，消除系统的急停报警。

在图 3-43 中给出了上文描述的急停控制过程所对应的逻辑时序图，以加深对急停程序块控制逻辑的理解。

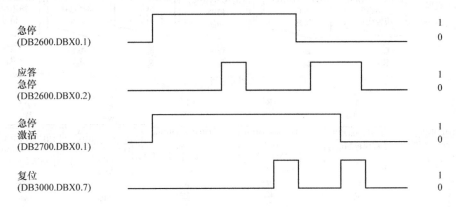

图 3-43　急停控制的逻辑时序图

此外，通过图 3-43 所示的逻辑时序图还可以看出，当 DB2600.DBX0.1=1 时，DB2600.DBX0.2 不能进行急停响应应答，同时系统的复位操作也无法生效。

2）手轮。西门子 SINUMERIK 808D Advanced 系统最大可以支持两个手轮的同时使用，并且可以任意分配到不同的机床轴或通道轴中。

同时，在手轮的激活过程中需要区分不同坐标系下所要激活的轴对象的不同。在机床坐标系下，需要激活机床轴对应的手轮及其倍率信号，而在工件坐标系下，则需要激活通道轴对应的手轮及其倍率信号。

首先来了解一下，要实现手轮模式下对进给轴的控制，需要进行以下操作。

1）激活手轮模式：手轮模式的激活，需按机床操作面板（MCP）上的"手轮"键进行选择。

2）选择坐标系：可使用系统 HMI 上的软键进行机床坐标系和工件坐标系的切换。

3）选择倍率：使用机床操作面板（MCP）上相应的按钮；或使用外部手持单元中的倍率开关，来进行倍率的选择。

选择需要移动的进给轴：在 SINUMERIK 808D Advanced 系统中，选择轴的方式可分为以下 3 种。

1）通过系统 HMI 上的软键选择相应的轴。

2）通过机床操作面板（MCP）上相应的按钮选择相应的轴。

3）通过外部手持单元中的轴选按钮选择相应的轴。

在了解上面所描述的基本操作之后，接下来分析一下在进行手轮选择时，系统及 PLC 程序进行处理的大致流程。总体来说，可以大致概括为以下几个重要步骤。

1）切换至手轮模式。

2）在手轮模式下，进行坐标系及倍率开关的选择。

3）在此基础上选取要选择的轴（可根据实际情况，使用上文提及的 3 种方式中的任意一种）。

此处需要特别说明的是，在进行倍率开关的选择及手轮的轴选择时，西门子的标准 PLC 程序提供有 3 种选择方式，不同的参数设置可以实现不同的手轮选择方式，在表 3-4 中进行简单说明。

表 3-4　标准 PLC 程序手轮方式选择参数表

选择方式	DB4500.DBX1017.3 即 MD14512[17] 的第 3 位	DB4500.DBX1016.7 即 MD14512[16] 的第 7 位	轴选方式	倍率方式
方式 1	1	0 或 1 均可，无影响	外部手持	外部手持
方式 2	0	1	系统 HMI	机床面板
方式 3	0	0	机床面板	机床面板

在表 3-4 中所介绍的 3 种方式里，方式 3 为标准 PLC 程序中默认优先使用的方式。若需要使用方式 1 和方式 2，则需根据表中所列信息，进行相关机床参数的设置，从而激活相应的选择方式。

此外，对于标准 PLC 程序而言，选择不同的方式会激活不同的轴。选择方式 1，在标准 PLC 程序中只能选择机床轴；选择方式 2，在标准 PLC 程序中可以选择机床轴或通道轴。选择方式 3，在标准 PLC 程序中只能选择通道轴。

在完成上述 3 个操作的前提下，系统内部及 HMI 会自动根据所做的选择，向 PLC 传递选择的反馈信息，告知 PLC 系统当前处于机床坐标系还是工件坐标系。这个过程通过接口地址 DB1900.DBX1003.7 的状态完成。

1）当 DB1900.DBX1003.7=1 时，当前处于机床坐标系，所有的手轮轴选信号和倍率信号只能送到机床轴相关的接口地址中。

2）当 DB1900.DBX1003.7=0 时，当前处于工件坐标系，所有的手轮轴选信号和倍率信号只能送到通道轴相关的接口地址中。

另外，需要特别注意的是，如果在实际应用中，对于机床坐标系进行旋转，则在移动通道中的某一轴时，其相关轴也会跟随该轴一起进行插补移动，从而保证工件坐标的正确。

结合上面的描述，在手轮选择中，SINUMERIK 808D Advanced 内部系统及 PLC 程序所进行的基本处理流程，图 3-44 给出了实际 PLC 轴选的程序示例，帮助读者结合上文内容作进一步理解。

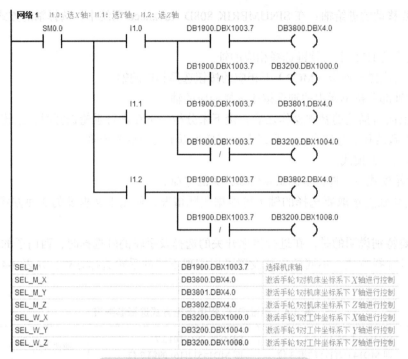

SEL_M	DB1900.DBX1003.7	选择机床轴
SEL_M_X	DB3800.DBX4.0	激活手轮1对机床坐标系下X轴进行控制
SEL_M_Y	DB3801.DBX4.0	激活手轮1对机床坐标系下Y轴进行控制
SEL_M_Z	DB3802.DBX4.0	激活手轮1对机床坐标系下Z轴进行控制
SEL_W_X	DB3200.DBX1000.0	激活手轮1对工件坐标系下X轴进行控制
SEL_W_Y	DB3200.DBX1004.0	激活手轮1对工件坐标系下Y轴进行控制
SEL_W_Z	DB3200.DBX1008.0	激活手轮1对工件坐标系下Z轴进行控制

图 3-44　外部手轮 PLC 轴选程序示例

3）主轴。西门子 SINUMERIK 808D Advanced 系统 PPU 后侧有 ±10V 模拟量输出的主轴接口，同时也配备了一个相应的主轴编码器回馈接口。这样的设计可以确保 SINUMERIK 808D Advanced 的主轴能够进行速度连续运行方式、摆动方式、定位方式及进给轴方式等多种模式的运行方式，而不同模式之间的切换则需要涉及内部系统及 PLC 程序的控制。

要想明确 SINUMERIK 808D Advanced 内部系统及 PLC 程序在主轴运行及模式切换中所起到的基本控制功能和控制方式，首先要了解不同模式之间的关联和切换方式。在图 3-45 中，就对 SINUMERIK 808D Advanced 主轴在不同模式之间进行切换的主要方式及基本控制过程进行了简要的说明。

结合图 3-45 所描述的主轴模式切换过程的示例图，接下来针对几个主要的主轴运行模式之间的切换过程进行一些具体的描述。

1）速度连续运行方式变换到摆动运行方式。如果通过不同的主轴转速激活自动换挡，或者通过使用指令 M41~M45 来指定换挡，则主轴将从速度连续运行方式变换为摆动运行方式。需要注意的是，只有当主轴的目标挡位不等于当前挡位时，才可以从速度连续运行方式变换为摆动运行方式（大家可以先设好主轴换挡参数，用强制方式观察主轴摆动效果）。

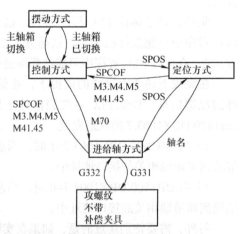

图 3-45　SINUMERIK 808D Advanced 主轴模式迁移图

值得一提的是，图 3-45 所示的主轴模式迁移控制是被分布执行的。对应图 3-46 左上角，图 3-46 所示的标准程序中，主轴换挡子程序负责根据换挡指令或自动判断控制主轴进入摆动模式，同时发出执行换挡指令，由换挡机构的控制程序完成换挡动作，得到动作完成应答后，换挡子程序通过接口通知 NC 换挡结束，并置位新的主轴挡位，将主轴模式切换回原控制方式。

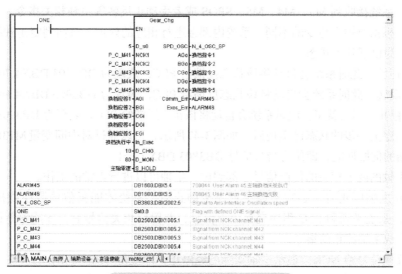

图 3-46　主轴换挡模式转换程序

2）摆动运行方式变换到速度连续运行方式。如果主轴换挡已经完成，则系统内部会自动对主轴的摆动有效信号 DB3903.DBX2002.6 进行复位，并将该信息传递到 PLC 程序中，其表现即为 PLC 接口信号 DB3903.DBX2002.6=0，此时主轴退出摆动运行方式，变换为速度连续运行方式，加工程序中最后编程的主轴转速将再次生效运行。

3）定位运行方式变换到速度连续运行方式。如果主轴当前运行在定位运行方式下，并且接收到旋转指令（M3、M4）或停止指令（M5），则主轴的运行方式会变换为主轴速度连续运行方式。

4）速度连续运行方式变换到定位运行方式。如果主轴在速度连续运行方式下接收到 SPOS 指令，则主轴的运行方式会变换为定位运行方式，且主轴将定位停止到指定的角度。

5）定位运行方式变换到摆动运行方式。如果要结束主轴定向，可通过使用指令 M41~M45 切换到摆动运行方式。换挡结束后，加工程序中最后编程的主轴转速值和 M5 主轴停止指令将再次生效。

6）速度连续运行方式变换到攻螺纹、螺旋插补运行方式。使用攻螺纹指令或者螺纹指令，将主轴的运行方式由速度连续运行方式变换到攻螺纹、螺旋插补运行方式之前，首先需要通过 SPOS 指令将主轴切换到位置运行方式。

在了解了主要的主轴运行模式进行切换的原则之后，再回到使用 SINUMERIK 808D Advanced 系统中的 PLC 程序对主轴进行控制的问题上来。不论主轴以何种模式运行，最基本的核心都是要通过 PLC 程序和系统内部的逻辑处理，给主轴的电气端以相应的信号。

在 SINUMERIK 808D Advanced 系统控制中，要想确保主轴可以进行正常工作，必须要给定以下两个使能信号（均假设第四轴为主轴），即脉冲使能信号（即使得 DB3803.DBX4001.7=1）和伺服使能信号（即使得 DB3803.DBX2.1=1）。

下面以图 3-47 为例，简单地介绍在标准 PLC 程序中，对于主轴使能信号的给定与处理过程。

当没有指令输入的情况下，主轴处于自由状态；当有主轴指令输入的时候，一般可以将

PLC 程序的处理过程分解为以下几步。

第一步：在 PLC 程序中，通过对 DB3803.DB4001.7 进行置位，已经激活了主轴的脉冲使能。

第二步：系统接收到 M3、M4、M5、SPOS 或者手动正反转等主轴相关指令。

第三步：根据所输入指令的不同，系统内部会进行相应的处理，进而判定主轴的状态。一般来说，可以分为以下几个状态。

1）主轴正转。此时系统会自动将该状态反馈给 PLC，表现为 DB3903.DBX4.7=1。

2）主轴反转。此时系统会自动将该状态反馈给 PLC，表现为 DB3903.DBX4.6=1。

3）主轴停止，但已就绪。此时系统会自动将该状态反馈给 PLC，表现为 DB3903.DBX1.5=1。

在系统判定上一步的状态已实现后，如图 3-47 所示，可以通过对中间变量 M138.1 进行置位，从而激活主轴的伺服使能，即使得接口信号 DB3803.DBX2.1=1。

至此，主轴的两个相关的使能信号全部到位，主轴可以进行正常的工作。

而当需要主轴停止时，必须确保主轴完全静止后，系统才能复位伺服使能接口信号。如图 3-46 所示，系统必须和 PLC 程序交换以下信息，并置位相关信号后，才能够断掉主轴的伺服使能信息，完成主轴停止的指令。

主轴端反馈信号给 NCK，显示主轴实际已经停止，即使得 DB3903.DBX1.4=1。

通过操作 MCP，给出主轴停止信号（DB1000.DBX3.1=1）或复位信号（DB1000.DBX3.3=1）。

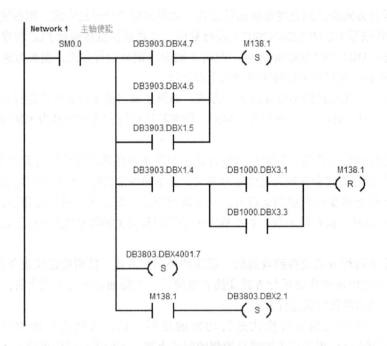

图 3-47 主轴伺服使能 PLC 程序示例

此外，对于车床而言，还需要额外考虑卡盘上的工件是否已经卡紧，而对于铣床而言，则需要额外考虑刀具是否已经卡紧。如果这两个条件没有满足，同样不能够启动主轴。同理，在主轴旋转状态下，也不能松开卡盘上的工件或者主轴上的刀具。同时，如果在实际应用中有制动信号，那么还需要进行相应的安全联锁的设计和操作。

第4章

CHAPTER 4

典型机床部件控制

4.1 特殊功能调试入门

本节目的

1）了解部分特殊调试。

2）了解 NC-PLC 沟通。

本节导读

　　本节进一步深入认识接口数据，分为特殊功能调试和故障针对两部分。前一章已经接触到自动换刀加工程序能够通过 $A\_DBB[n]$ 之类的公共存储区存储系统变量，进行 NC-PLC 的沟通，这就是特殊功能之一。SINUMERIK 808D Advanced 有 7 种不同的特殊功能，本书介绍其中 3 种。PLC 故障报警也是接口数据的典型应用。

4.1.1 轴数据的读取

　　在实际应用中，通过 PLC 程序直接读取机床轴的当前坐标值和剩余坐标值也是 SINUMERIK 808D Advanced 经常用到的功能之一。与该功能相关的 PLC 接口信号及对应说明可参见表 4-1 及表 4-2。

表 4-1　读轴数据的位置信号表

DB5700~DB5704	来自坐标轴或主轴的位置信号 [只读] NCK 到 PLC 接口的信号							
字节	位 7	位 6	位 5	位 4	位 3	位 2	位 1	位 0
DBD0	坐标实际位置，实数							
DBD4	剩余坐标值，实数							

表 4-2　读轴数据的命令信号表

DB2600	读写 NC 数据 [可读 / 可写] PLC 到 NCK 接口的信号							
字节	位 7	位 6	位 5	位 4	位 3	位 2	位 1	位 0
DBB1						请求剩余坐标	请求实际坐标	

结合表 4-1 和表 4-2 所给出的 PLC 相关接口信号，可使用图 4-1 所示的 PLC 程序示例对轴坐标值数据进行读取操作。

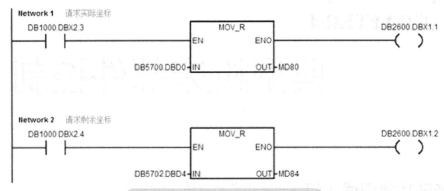

图 4-1　读轴数据的 PLC 程序示例

在实际应用中，可以对图 4-1 给出的 PLC 程序的动作过程进行以下理解。

1）按 MCP（机床操作面板）上的 K11 键，PLC 程序将 X 轴的当前坐标读入到 PLC 变量 MD80 中。

2）按 MCP（机床操作面板）上的 K12 键，PLC 程序将 Z 轴的剩余坐标读入到 PLC 变量 MD84 中。

4.1.2　高速 I/O 的使用

西门子 SINUMERIK 808D Advanced 数控系统的 X21 接口提供三个快速数字量输入和一个快速数字量输出，可通过这些快速输入输出接口实现一些相应的功能。为了确保快速输入输出功能的正确实现，在使用该功能时应重点注意以下 3 个方面。

1. 快速输入输出接线

使用快速输入输出功能时，首先要确保在 SINUMERIK 808D Advanced 系统上进行正确的接线。基本的接线原理图可参考图 4-2。

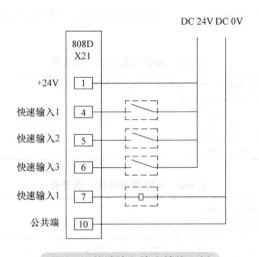

图 4-2　快速输入输出接线示例

需要特别注意的是，如果不将 X21 用于输出端口，则 X21 接口端子的管脚 1 可以不接
24V；如果需要 X21 接口端子中任意一个输入或输出管脚，X21 接口端子的管脚 10 都必须与
0V 连接。

2. 快速输入输出PLC接口信号

除了确保快速输入输出端口 X21 接线的正确性外，还需要了解各快速输入输出接口所对应
的 PLC 接口地址信号。在表 4-3 中对快速输入输出接口所需用到的 PLC 接口信号进行了简要的
说明。

表 4-3 快速输入输出接口信号表

DB2900	快速输入输出信号 [只读] NCK 到 PLC							
字节	位 7	位 6	位 5	位 4	位 3	位 2	位 1	位 0
DBB0						输入 3	输入 2	输入 1
DBB4								输出 1

从表 4-3 可知，对于快速输入信号而言，可以在 PLC 程序中直接使用 DB2900.DBX0.0、
DB2900.DBX0.1 以及 DB2900.DBX0.2 读取输入点的状态。

而对于快速输出信号而言，则不能直接在 PLC 程序里对 DB2900.DBX4.0 进行赋值，否
则 PLC 程序会报错停止。但是可以通过间接的方式给快速输出进行赋值。具体的做法为：使用
PLC 接口信号 DB2800.DBX5.0 和 DB2800.DBX6.0，通过地址 DB2800.DBX6.0 处的上升沿或
下降沿触发地址 DB2800.DBX5.0，NCK 内部会根据 DB2800.DBX0.5 置位状态的变化和计数对
DB2900.DBX4.0 的状态进行相应处理。总结来说，在使用该方法的前提下，PLC 信号 DB2900.
DBX4.0 的状态与 PLC 信号 DB2800.DBX6.0 的状态一直保持一致。

3. 快速输入输出在PLC程序及NC加工程序中的使用示例

基于以上介绍的快速输入输出信号及读写方法，在图 4-3 中以使用快速输入 1 来触发或者取
消快速输出 1 的置位和复位为例，给出相应的 PLC 程序示例。

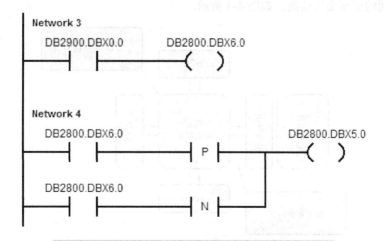

图 4-3 快速输入 1 触发快速输出 1 的 PLC 程序示例

需要说明的是，对于 SINUMERIK 808D Advanced 而言，图 4-3 所示的对快速输出点 1 的控制必须使用 DB2800.DBX5.0 和 DB2800.DBX6.0 进行示例中所给出的逻辑控制。换句话说，如果在实际应用中，需要使用 PLC 程序控制快速输出点，那么建议使用图 4-3 中的示例，仅可以根据实际需要，为 DB2900.DBX0.0 处选择不同的输入信号。这点请读者在实践中仔细尝试，认真做好记录。

此外，接口 X21 所对应的输入输出管脚在系统内部还有相应的参考变量，在实际应用中，除了通过 PLC 程序接口信号读取或写入相关状态外，还可以在 NC 加工程序中直接对其进行相应操作。具体的变量可参见表 4-4。

表 4-4　快速输入输出接口输入输出信号说明及对应变量一览表

图例	针脚号	信号	说明	对应变量
4 DI 1 5 DI 2 6 DI 3 7 DO 1 X21 FAST I/O	4	DI1	快速输入 1，PLC 地址为 DB2900.DBX0.0	$A_IN[1]
	5	DI2	快速输入 2，PLC 地址为 DB2900.DBX0.1	$A_IN[2]
	6	DI3	快速输入 3，PLC 地址为 DB2900.DBX0.2	$A_IN[3]
	7	DO1	快速输出 1，PLC 地址为 DB2900.DBX4.0	$A_OUT[1]

实际应用中，可以在 NC 加工程序中直接使用对 R 变量赋值的方法，通过系统变量 $A_IN[1]、$A_IN[2] 或者 $A_IN[3] 读取输入点的状态；或者通过在 NC 加工程序中使用系统变量 $A_OUT[1] 直接对快速输出 DB2900.DBX4.0 进行赋值。

例如，可以在 NC 加工程序中编辑语句 R10=$A_IN[1]，从而将快速输入 1 的当前状态读入到 R 参数变量 R10 中；或者在 NC 加工程序中编辑语句 $A_OUT[1]=1 或 $A_OUT[1]=0，直接对快速输出 1 的状态进行给定控制（在 NC 加工程序中，当编辑 $A_OUT[1]=1 时，DB2900.DBX4.0=1 被置位；当编辑 $A_OUT[1]=0 时，则 DB2900.DBX4.0=0 被复位）。

4.1.3　NC 与 PLC 的数据交换

在 SINUMERIK 808D Advanced 数控系统中，提供了一个 4096B 的公共存储区，用于实现 NC 和 PLC 之间的数据交换功能，如图 4-4 所示。

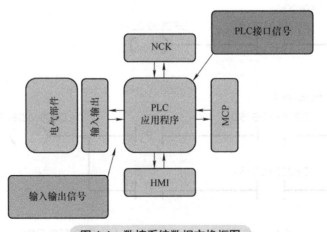

图 4-4　数控系统数据交换框图

PLC 程序中定义有相应的接口地址对应于这个公共存储区。在实际应用中，可以使用相关的 PLC 数据块 DB4900.DBX0.0~DB4900.DBX4095.7，按字节、字或者双字进行读写。

同时，在 NC 中也定义了相应的系统变量，与 PLC 程序中的公共存储区一一对应。在表 4-5 中对于相关的系统变量进行了介绍和说明。

表 4-5　公共存储区系统变量表

序号	变量名	数据类型	数据位数
1	$A_DBB[n]	字节	8 位
2	$A_DBW[n]	字	16 位
3	$A_DBD[n]	双字	32 位
4	$A_DBR[n]	实数	32 位

注：表中的"n"表示地址的偏移量。

基于以上说明，在 NC 加工程序中使用表 4-5 所给出的系统变量时，就可以同步地实现对该变量所对应的 PLC 程序中，指定的公共存储区内的相应 PLC 数据块进行读写。

例如，当执行程序 $A_DBD[4]=10 时，PLC 程序内会自动出现 DB4900.DBD4=10 的赋值。

需要注意的是，在实际应用中，公共存储区的数据结构需要自行定义，且在同一程序段中最多只能写 3 个数据。

4.2　故障诊断与排除

本节目的

1）了解故障报警机制。

2）掌握故障诊断方法。

4.2.1　故障监控电路与故障诊断

机床故障的诊断是相当重要的，对外部的电气设备进行完整的诊断可以帮助用户立即查明故障原因并找到故障所在。

常见的诊断方法和过程示例如图 4-5 所示。比如：将继电器 KA1 和接触器 KM1 的一组辅助触点连接到 PLC，另外还有断路器、压力传感器、液位传感器等监控信号都接到了 PLC。这样就可以全方位、全过程地监视一个冷却泵的控制了。例如，操作后电动机不转，可通过监控信号检查继电器有无动作、接触器有无动作、电动机有无动作、是否完好、切削液有没有等。此时的监控信号由 PLC 程序从输入接口连接到报警接口，一旦有一个报警接口被置位，系统就出现一条相应的报警，并且按照参数设置响应出报警行为。

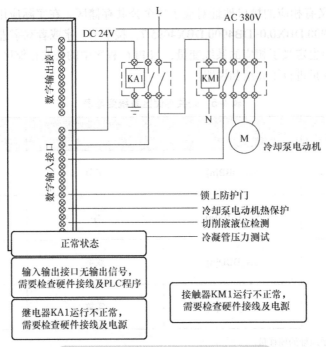

图 4-5　控制电路设计与故障诊断案例

　　SINUMERIK 808D Advanced 数控系统提供了 128 个 PLC 用户报警。每个用户报警均具有一个对应的 NCK 地址位，即 DB1600.DBX0.0~DB1600.DBX15.7，地址位置"1"可激活相应的报警，复位"0"可消除报警。

　　可以通过查找 PLC 交叉索引表中的索引地址并进行相应更改以找到 PLC 报警的原因并消除报警。有部分用户报警是通过子程序来激活的。当出现一个报警时，可查阅表 4-6 来确定是哪一个子程序中的报警被激活。部分报警接口信号意义和子程序对应关系见表 4-6。

表 4-6　报警接口信号表示例

报警编号	接口地址	报警描述	激活报警的子程序
700010	DB1600.DBX1.2	手持单元激活	SBR41：MINI_HHU
700011	DB1600.DBX1.3	刀具锁紧超时	SBR53：Turret3_CODE_T
700012	DB1600.DBX1.4	主轴制动进行中	SBR42：SPINDLE
700013	DB1600.DBX1.5	卡盘放松状态，操作禁止	SBR56：Lock_unlock_T
700014	DB1600.DBX1.6	换挡超时	SBR49：GearChg1_Auto
700015	DB1600.DBX1.7	挡位位置信号错误	
700016	DB1600.DBX2.0		
⋮			
700062	DB1600.DBX7.6	主轴实际刀号不等于编程刀号	SBR60：Disk_MGZ_M 6

一旦产生报警，SINUMERIK 808D Advanced 数控系统有下列两种报警方式。

（1）PLC 反应　PLC 程序通过相应的 PLC 接口检测反应，如在发出报警时取消轴使能。

（2）NC 反应　每个报警都有一个 8 位配置机床数据 MD14516[0]~[127]（图 4-6）。

可以根据实际情况设置每个报警的取消条件和报警反应，之后系统就可以在产生报警时做出相应的反应。

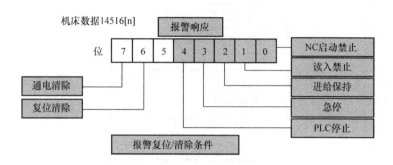

图 4-6　报警响应和取消方式设定

4.2.2　报警接口、报警文本和报警响应

1. 编辑PLC报警文本

正确创建或编辑合理的报警文本能够帮助用户发现并查明 PLC 报警的原因，从而有效地找到并解决故障，如图 4-7 所示。

图 4-7　用户报警

SINUMERIK 808D Advanced 数控系统提供了两种方式编辑 PLC 用户报警，即通过 USB 存储器编辑和直接在 HMI 上编辑。

（1）通过 USB 存储器编辑 PLC 用户报警　将系统的 HMI 数据的 PLC 报警文本复制到 U 盘中（打开路径如图 4-8 所示），使用 PLC 的写字板进行编辑（图 4-9）后重新粘贴回 HMI 数据中覆盖原文件即可。

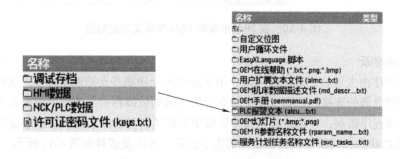

图 4-8　PLC 报警文本打开路径

```
//------------------------------------------------------------
//fixed 50 character do not change the size
//the length of alarm must be filled in every line
//Example:
//      700000 0 0 "User alarm                                    " //50
//------------------------------------------------------------

700000        0      0     "User alarm 01"           //50
700001        0      0     "User alarm 02"           //50
700002        0      0     "User alarm 03"           //50
700003        0      0     "User alarm 04"           //50
700004        0      0     "User alarm 05"           //50
700005        0      0     "User alarm 06"           //50
700006        0      0     "User alarm 07"           //50
700007        0      0     "User alarm 08"           //50
700008        0      0     "User alarm 09"           //50
700009        0      0     "User alarm 10"           //50
700010        0      0     "User alarm 11"           //50
700011        0      0     "Not able to lock tool in expected time"        //50
700012        0      0     "Spindle in braking progress"      //50
700013        0      0     "Operation while chuck is not locked"          //50
700014        0      0     "Gear-change time out"       //50
700015        0      0     "Gear level position error"        //50
700016        0      0     "DRIVES NOT READY"        //50
700017        0      0     "Operate chuck when sp. or part prog. is running"       //50
700018        0      0     "COOLING MOTOR OVERLOAD"        //50
700019        0      0     "COOLANT LIQUILD POSITION IN LOW LEVEL"        //50
700020        0      0     "LUBRICATING MOTOR OVERLOAD"        //50
700021        0      0     "LUBRICANT LIQUILD POSITION IN LOW LEVEL"       //50
700022        0      0     "TURRET MOTOR OVERLOAD"       //50
700023        0      0     "PROGRAMMED TOOL NUM. > MAX. TURRET NUMBER"       //50
```

图 4-9　PLC 报警文本的编辑

（2）直接在 HMI 上编辑 PLC 用户报警　该方法通过 HMI 在系统数据中直接编辑 PLC 报警文本，具体路径如图 4-10 所示。请注意，PLC 用户报警文本的长度必须限制在 50 个字符内；否则报警无法正常显示。

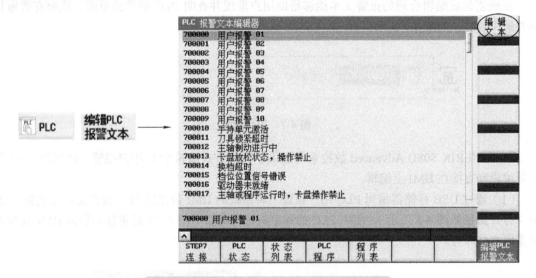

图 4-10　在 HMI 中编辑 PLC 报警文本的路径

2. PLC在线诊断

PLC 用户程序由大量的逻辑运算构成，用来实现安全功能并支持加工过程。这些逻辑运算包括各种触点和继电器的连接。原则上单个触点或继电器的故障都会导致整个设备发生故障。为了找出故障原因或程序错误，在系统数据操作区域中提供了各种诊断功能。可以通过在线显示 PLC 程序来检查 PLC 状态和判断逻辑错误或外部电子错误，界面及解释如图 4-11 所示。

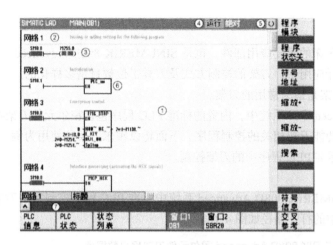

① 应用区域
② 所支持的PLC变成语言
③ 有效程序段的名称
　　显示:符号名称(绝对值名称))
④ · 程序状态
　　– **运行**:程序正在运行
　　– **停止**:程序已停止
　· 应用区域状态
　　– **符号**:符号显示
　　– **绝对**:绝对值显示
⑤ 有效按键显示,如 变量
⑥ 焦点
　　接受光标所选中的任务
⑦ 提示行

图 4-11　PLC 在线诊断界面

　　提示行下方对应的软键除了可以切换显示另一个程序外, 还有显示 PLC 信息, 监控 PLC 接口和 I/O 信号的当前状态、操作数状态, 交叉显示输入输出与接口信号使用情况等, 具体如图 4-12~ 图 4-15 所示。

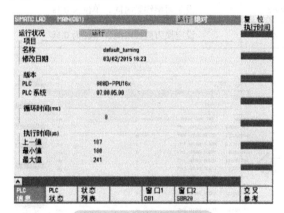

图 4-12　PLC 信息界面

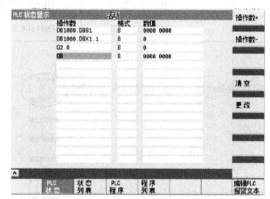

图 4-13　PLC 状态界面

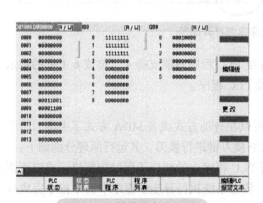

图 4-14　操作数状态查询

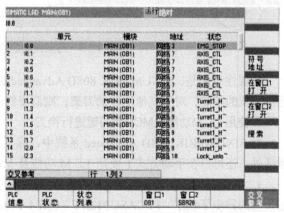

图 4-15　输入输出与接口信号使用情况查询

4.2.3 机电控制实例

在实际应用中，刀架是数控车床的重要应用部件，也是 SINUMERIK 808D Advanced 车削系统调试中的一个重点问题。在实际应用中，刀架的控制方式及刀具工位数目是多样化的。目前来说，4 工位、6 工位的霍尔元件刀架是最为常用的刀架。

在 SINUMERIK 808D Advanced 车床系统中，内置的标准 PLC 程序包含霍尔元件刀架控制、二进制编码刀架控制和特殊编码功能刀架相关的控制程序。下面将以霍尔刀架的使用为例，来介绍 SINUMERIK 808D Advanced 标准 PLC 程序中的刀架控制。

1. 霍尔刀架机床数据设定

在表 4-7 中，给出使用 SINUMERIK 808D Advanced 系统中标准 PLC 程序控制霍尔刀架时，需要设定的用户数据。其在系统中的打开路径如图 4-16 所示。

表 4-7　SINUMERIK 808D Advanced 霍尔元件刀架用户数据表

序号	用户参数	PLC 地址	说明
1	MD14512[17].0	DB4500.DBX1017.0	激活霍尔元件刀架控制的 PLC 子程序
2	MD14510[20]	DB4500.DBW40	设定刀架最大工位数（仅限 4、6 工位）
3	MD14510[21]	DB4500.DBW42	设定刀架锁紧时间，单位为 0.1s
4	MD14510[22]	DB4500.DBW44	设定换刀监控时间，单位为 0.1s

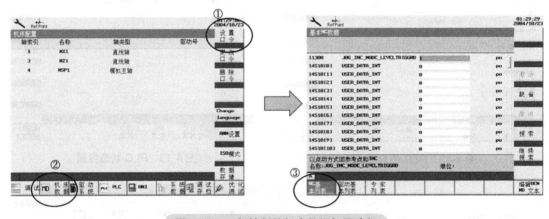

图 4-16　刀架控制的机床数据打开路径

需要注意的是，SINUMERIK 808D Advanced 标准 PLC 程序只能支持 4 工位或 6 工位的霍尔元件刀架的控制，对于其他工位的刀架，则需要修改 PLC 程序。

2. 使用 T.S.M 功能及 MCP 换刀键进行换刀

在 SINUMERIK 808D Advanced 系统中，除了可以在自动方式或者 MDA 方式下用换刀指令激活外，还可以在手动方式下使用 T.S.M 功能及 MCP 换刀键进行换刀。其运行原理分别如下：

1）在手动方式下，使用 T.S.M 功能换刀是执行 PLC 程序中的相应子程序控制块，或进而调用预置的异步子程序 "PLCASUP1.SPF"（图 4-17），依靠系统执行异步子程序中的 T 指令完成换刀过程。

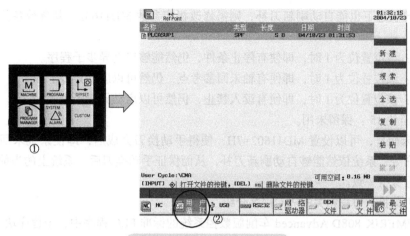

图 4-17　异步子程序的打开

2）在手动方式下，使用 MCP（机床操作面板）上的换刀键启动换刀动作是 PLC 动作，每次使刀架转一个刀位，PLC 程序控制换刀过程完成后，需要执行异步子程序 1，告知 NCK 当前的刀具号。具体的异步子程序 1 程序段参见表 4-8。

表 4-8　手动换刀异步子程序 1 程序段

程序段号	程序内容	重要程序段解释
N10	DEF INT _T	定义变量 _T
N20	SBLOF	
N30	_T=$A_DBD[12]	将当前刀号存入变量 _T 中
N40	IF _T==0	
N50	T0	
N60	GOTOF ER1	
N70	ENDIF	
N80	IF $P_TOOLEXIST[_T]	判断相应刀具号是否在刀具列表中创建
N90	T=_T	
N100	ELSE	
N110	MSG(" 刀具 T"<<_T<<" 未定义 !")	
N120	G4 F5	
N130	MSG(" ")	
N140	T0	
N150	ENDIF	
N160	ER1:	
N170	SBLON	
N180	M17	

执行该异步子程序前，首先需要将当前刀号送到 DB4900.DBB12 中（DB4900.DBB12 中的数值与 $A_DBD[12] 中的数值一致），在程序执行到 T=_T，即 T= 当前刀号时，系统发出刀号改变指令，但由于当前刀号与目标刀号一致，PLC 不执行任何动作，这样就完成了通过 MCP 换刀，系统依然能够刷新刀补，避免程序运行时撞刀。

使用 MCP 进行换刀，系统必须已回参考点；否则换刀完成后不能自动刷新刀补。若需要在未回参考点的状态下也能自动刷新刀补，则需修改机床参数 MD11602，其参数各位的具体意义如下。

① 位 0：该位置位为 1 时，即便有停止条件，仍然能够启动异步子程序。

② 位 1：该位置位为 1 时，即便有轴未回参考点，仍然可以启动异步子程序。

③ 位 2：该位置位为 1 时，即便有读入禁止，仍然可以启动异步子程序。

④ 位 3 至位 15：保留未用。

对于车床而言，可以设置 MD11602=7H，使得手动换刀完成后，即便系统未回参考点或者有读入禁止命令，系统依然能够自动刷新刀补，从而保证手动换刀后，系统上的当前刀号与刀架上的当前刀号保持一致。

3. 霍尔刀架换刀过程相关的PLC程序介绍

在 SINUMERIK 808D Advanced 车削版数控系统的标准 PLC 程序中，子程序块 51 用于刀位传感器为霍尔元件刀架控制位置（路径如图 4-18 所示），PLC 主要的控制作用在于对于刀架电动机的控制。它可以实现支持 4 或 6 工位刀架、单向找刀、电动松开 / 锁紧；采取"点对点"控制，每个工位有单独输入信号；手动换刀时采取单向累加换刀，通过异步子程序 1 刷新刀表。

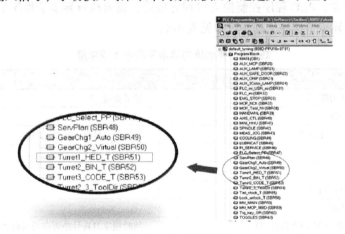

图 4-18　子程序位置

结合图 4-19 所示的霍尔刀架换刀时序示例，可以大致将霍尔刀架换刀过程中的基本控制逻辑和控制流程分为以下几个步骤。

1）PLC 接受换刀指令，并确认指令正确。

2）PLC 控制刀架电动机正转，寻找目标刀具。

3）目标刀具找到后，会返回一个信号给 PLC，PLC 接收到信号后，控制刀架电动机反转锁紧。

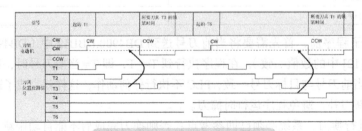

图 4-19　霍尔刀架换刀时序示例

同时，SINUMERIK 808D Advanced 标准 PLC 程序块中还需要对霍尔刀架的相关监控数据进行设定。一般来说，反转锁紧时间的最大值应不超过 3s，以防止刀架电动机损坏；同时其最小值应不小于 0.5s，以保证刀架有足够的时间完成反转锁紧的工作过程。而换刀动作监控时间可设置范围为 3~20s，如果在监控时间内没有完成换刀动作，则 PLC 会在通过系统输出相应的报警信息。同时，在换刀过程中 NC 接口信号"读入禁止"（DB3200.DBX6.1）和"进给保持"（DB3200.DBX6.0）置位，这表示零件程序将等待换刀完成后方可继续运行。此外，在急停、刀架电动机过载或程序测试 PRT（程序测试）及仿真时，刀架转动禁止。

在图 4-20 中给出了 SINUMERIK 808D Advanced 使用霍尔刀架的整体换刀过程，以及 PLC 程序相应处理的接口信号的逻辑动作流程。

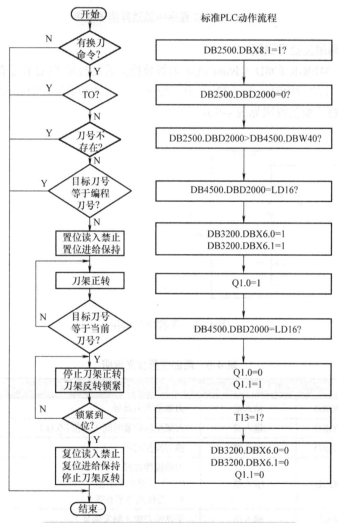

图 4-20 霍尔刀架换刀 PLC 程序动作流程框图

同时，要使该功能可用还需要在 PLC 程序中激活该异步子程序。实际操作时要将图 4-21 所示的"101"改为"1"。

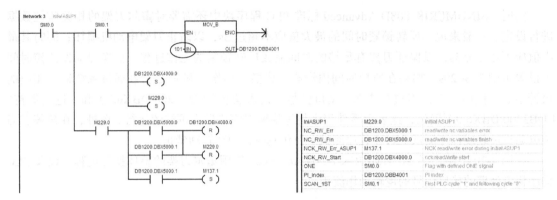

图 4-21　PLC 程序中激活异步子程序

4. PLC子程序调用及信号说明

对于使用 SINUMERIK 808D Advanced 车削版数控系统的标准 PLC 程序调试霍尔刀架而言，在进行 SBR51 子程序块调用时（图 4-22），为了便于进行调试和后期的故障诊断，还需要对局部变量的含义有所了解（变量说明见表 4-9）。

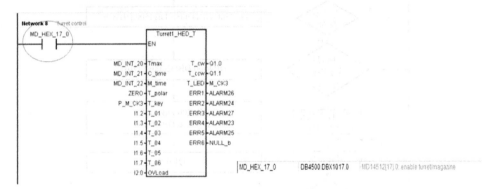

图 4-22　子程序的调用

表 4-9　局部变量含义说明

名称	类型	局部变量定义	说明
Tmax	WORD	输入端	刀架最大刀具号
C_time	WORD	输入端	刀架反转锁紧时间（单位：0.1s）
M_time	WORD	输入端	换刀监控时间
T_polar	BOOL	输入端	刀位极性选择 0：刀位低电平有效 1：刀位高电平有效
T_key	BOOL	输入端	手动换刀键（触发信号）
T_01 到 T_06	BOOL	输入端	刀位传感器（低电平有效）
OVload	BOOL	输入端	刀架电动机过载（NC）
T_cw	BOOL	输出端	刀架定位
T_ccw	BOOL	输出端	刀架锁紧
T_LED	BOOL	输出端	换刀过程状态显示

（续）

名称	类型	局部变量定义	说明
ERR1	BOOL	输出端	刀架无刀位检测信号
ERR2	BOOL	输出端	刀架无刀位检测信号
ERR3	BOOL	输出端	未在指定时间内找到目标刀位
ERR4	BOOL	输出端	刀架电动机过载
ERR5	BOOL	输出端	最大刀具数设置错误
ERR1	BOOL	输出端	备用

此外，在PLC程序中还有赋值了部分全局变量以方便对刀架运行的控制，具体见表4-10。

表4-10　赋值的全局变量说明

名称	寄存器名	说明
T_cw_m	M156.0	刀架正转标记位
T_ccw_m	M156.1	刀架反转标记位
CcwDelay	M156.2	刀架反转延迟
K_active	M156.3	手动键有效
Tpos_C	M156.4	刀架位置改变
Tp_eq_Tc	M156.5	编程刀具号等于当前刀具号
Tp_eq_0	M156.6	编程刀具号为零
T_P_INDX	MD160	JOG方式下监控换刀缓冲区
T_CHL	M168.4	操作方式锁定
Tm1_FindT	T15	找刀监控定时器
T_CLAMP	T13	刀架1锁紧定时器

5. 数控车床刀架故障与诊断

通过前一节的介绍，使用标准PLC程序中SBR51程序块控制的霍尔刀架一般会激活以下5种报警。

1）报警700022：刀架电动机过载。

2）报警700023：编程刀具号大于刀架最大刀具号。

3）报警700024：刀架最大刀具号设置错误。

4）报警700025：刀架无刀位检测信号。

5）报警700026：未在指定时间内找到目标刀位。

而对于现实的数控车床刀架来说，经常遇到的故障和故障排查要复杂得多，需要综合考虑机械、供电等原因。表4-11总结了5种常见的故障现象和排除方法，供大家参考。

表4-11　刀架常见故障排除方法

序号	故障现象	故障说明	排查方法
1	刀架机械卡死	刀架电动机堵转而出现过载报警	因为刀架机械卡死常常是由碰撞变形引起的，所以在排除机械卡死故障时，可以将刀架与电动机脱开，用扳手盘动蜗杆，如果不能正常转动，则说明是机械卡死。此时可以按正确的拆卸顺序拆开刀架进一步检查中轴、各种销钉、联轴器等有无变形

（续）

序号	故障现象	故障说明	排查方法
2	刀架电动机电源缺相或相序错	一般出现在机床大修或更换新刀架后。此时要切断电源，调整电动机相序。电动机不转且没有声音，说明电源或者绕组有两相或两相以上断路	首先检查电源是否有电压，如果三相电压平衡，那么故障在电动机本身，可检测电动机三相绕组的电阻，寻找出断线的绕组。电动机不转但发出较闷的"嗡嗡"声，说明电源或绕组一相断路，缺相的原因可能是电动机供电回路中的开关及接触器的触点接触不良（烧伤或松脱），修复并调整动、静触点，使之接触良好；线路某相缺相，查出断线处，并连接牢固；电动机绕组连线间虚焊，导致接触不良，认真检查电动机绕组连接线并焊牢；电力电源缺相，排查外部接入电源故障、接收电路故障，更换相应板卡
3	刀架电动机无电源接入		在 MDI 方式下换刀并检测电动机上电源输入端无电压时，观察电柜中的中间继电器和接触器有没有动作，如果继电器线圈没有得电，则检查 PLC 输出信号是否断线；若接触器线圈得电，观察继电器是否吸合，继电器吸合，则可能是常开触点损坏或输给电动机的三相电线断线；继电器若没有动作，则可能是因为接触器坏或者触点接触不良、触点上电源断线
4	刀架电动机损坏	若接入电源正常空载下电动机仍不转，则说明电动机损坏	电动机损坏一般由于缺相、过载运行、绕组接地、绕组相间、匝间短路故障引起。接地故障的检测方法：用绝缘电阻表检测电动机绕组对地的绝缘电阻，当绝缘电阻值低于 0.2MΩ 时，说明电动机严重受潮。用万用表电阻挡或校验灯逐步检查，如果电阻值较小或者校验灯较暗，说明该相绕组严重受潮，需要烘干处理；如果电阻值为 0Ω 或者校验灯接近正常亮度，那么该相绕组已近接地了。绕组接地一般发生在电动机出线孔、电源线的进线孔或绕组伸出槽口处。对于后一种情况，若发现接地并不严重，可将竹片或绝缘纸插入定子铁心与绕组之间，如经检查已不接地，可包扎并涂绝缘漆后继续使用。绕组短路故障的检测方法：利用绝缘电阻表或者万用表检查任意两相间的绝缘电阻，如发现其值在 0.2MΩ 以下或为 0Ω，说明是相间短路（检查时应将电动机引线的所有连线拆开）；分别测量三相绕组的电流，电流大的为短路相；用短路探测器检查绕组间是否短路；用电桥测量三相绕组电阻，电阻值小的为短路相
5	刀架换刀不正常	电动刀架某一个或几个刀号换刀转不停，其余刀号正常	可能性 1：此刀位霍尔元件损坏。确认是哪个刀位使刀架转不停后，在系统上输入该刀号换刀指令转动该刀位，用万用表测量该刀位信号点（X4.6、X4.7、X5.0 或 X5.1）是否有电压变化，若无变化，可判定为该刀位霍尔元件损坏，更换发讯盘或霍尔元件 可能性 2：发讯盘此刀位信号线接触不良或断线 若发讯盘该刀位信号输出正常，则继续检查相应 PLC 到刀位输入信号状态有无变化，若没有检查此刀位信号线与 PLC 系统的连线是否断线或接触不良，则正确连接即可 可能性 3：PLC 系统的刀位信号接收电路故障 若检查霍尔元件和刀位信号接线都完好，则可确认 PLC 系统输入信号接收电路故障，更换相应板卡

4.3 测头的调试和使用

通过本节内容，了解基于 SINUMERIK 808D Advanced 数控系统应用测头对工件进行在线测量的实施方案，包括测头连接、参数设定及 PLC 程序编制。

4.3.1 测头种类

SINUMERIK 808D Advanced 数控系统为集成机床测头提供了完善的解决方案，包括方便灵活的人机界面及测量循环等。机床内的测头主要分刀具测头和工件测头两种，工件测头如图 4-23 所示，刀具测头如图 4-24 所示。

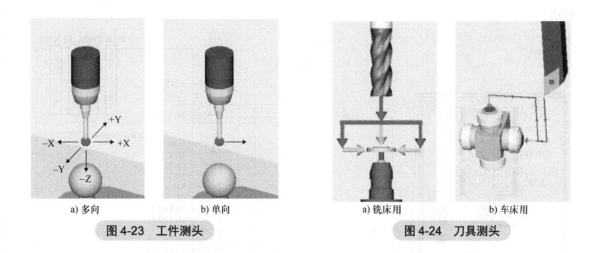

a) 多向	b) 单向

图 4-23 工件测头

a) 铣床用	b) 车床用

图 4-24 刀具测头

4.3.2 测头连接、调试及使用

1. 测头连接、调试及使用步骤

在 SINUMERIK 808D Advanced 数控系统上使用测头，连接、调试及使用分为 5 步，具体如下。

1）测头信号与 SINUMERIK 808D Advanced 数控系统连接。

2）SINUMERIK 808D Advanced 系统参数配置。

3）PLC 编程。

4）检测开关信号。

5）执行测量循环，完成标定、检测工作。

2. 测头连接

测头连接在 PPU X21 上，PPU X21 输入输出信号电气连接如图 4-25 所示。PPU X21 引脚分配如图 4-26 所示。

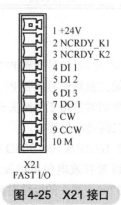

1 +24V
2 NCRDY_K1
3 NCRDY_K2
4 DI 1
5 DI 2
6 DI 3
7 DO 1
8 CW
9 CCW
10 M

X21
FAST I/O

图 4-25 X21 接口

引脚	信号	变量	描述
4	DI1	$A_IN[1]	快速输入，地址为DB2900.DBX0.0，用于连接测头1
5	DI2	$A_IN[2]	快速输入，地址为DB2900.DBX0.1，用于连接测头2
6	DI3	$A_IN[3]	快速输入，地址为DB2900.DBX0.2
7	DO1	$A_OUT[1]	快速输入，地址为DB2900.DBX4.0

图 4-26　引脚分配

以雷尼绍测头为例，测头信号线与 SINUMERIK 808D Advanced 数控系统的连接，如图 4-27 所示。

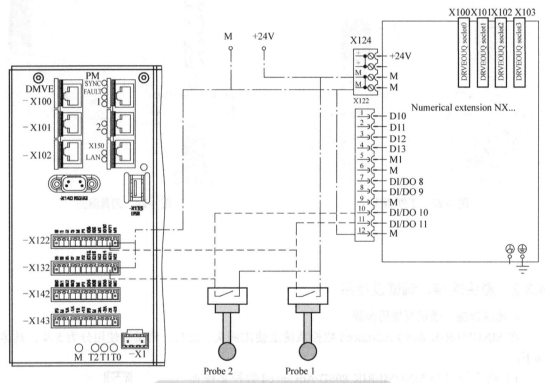

图 4-27　测头与 808D Advanced 系统连接

第一测量信号接到 PPU 的 X21 的 4 针脚，同时 X21 的 1 针脚接 24V。

第二测量信号接到 PPU 的 X21 的 5 针脚，同时 X21 的 1 针脚接 24V。

如同时连接工件测头和刀具测头，通常将工件测头连接到第一测量信号接口，刀具测头连接到第二测量信号接口。

3. SINUMERIK 808D Advanced系统参数配置

设置有效电位可以设置测量信号输出是高电位还是低电位有效，需要通过通用机床数据 MD13200 "测头的极性对换" 进行设置实现，具体如下。

1）MD13200[0] $MN_MEAS_PROBE_LOW_ACTIVE = 0，第一测量信号为高电位 24V 有

效。

2）MD13200[0] $MN_MEAS_PROBE_LOW_ACTIVE = 1，第一测量信号为低电位有效。

3）MD13200[1] $MN_MEAS_PROBE_LOW_ACTIVE = 0，第二测量信号为高电位24V有效。

4）MD13200[1] $MN_MEAS_PROBE_LOW_ACTIVE = 1，第二测量信号为低电位有效。

4. SINUMERIK 808D Advanced系统PLC程序编制

测头如果需要控制通信信号的开关（是否通电），可以使用 M 代码来实现。比如使用 M11、M12 控制测头开启和关闭动作，假设输出点为 Q1.1，PLC 参考程序如图 4-28 所示。

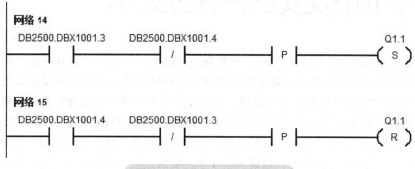

图 4-28　测头开关 PLC 控制

5. 检测开关信号

（1）用 DB2700 进行信号检测　进入系统的 PLC 信号状态画面，输入信号 DB2700.DBB1，此时分别手动触发测头 1 和测头 2，对应的 PLC 状态点 DB2700.DBX1.0（第 1 测量信号）和 DB2700.DBX1.1（第 2 测量信号）将发生信号翻转变化，说明测头部分的连线正常。

（2）用程序进行检测　在 MDA 方式及 AUTO 方式下执行以下程序。

1）G1 G90 X100 F100 MEAS=1；执行此程序段时手动触发测头 1 后，将删除余程直接转到下段程序。

2）Y200 MEAS=2；执行此程序段时手动触发测头 2 后，将删除余程直接转到下段程序 M30。

第5章
CHAPTER 5

▶ 机械加工（金属切削领域）车间级数字化技术

机械制造业是国民经济的支柱产业。没有发达的制造业，就不可能有国家的真正繁荣和富强。而制造业的发展规模和水平，则是国民经济实力和科学技术水平的重要标志之一。从加入WTO以后，我国的制造业得到了迅猛发展，并将逐步成为世界的制造业中心。而随着"中国制造2025"的提出，数字化制造技术大面积应用。机械加工作为数字化制造领域的高层次技术，应用范围不断扩大，推动了制造业的转型升级，而在金属切削领域，车间级数字化技术也在进行深刻变革，从具体的发展方向来看，应该包括3个主要的方向，即加工零件的全数字化管理、生产设备（机床）的数字化双胞胎似的生产、生产过程的全数字化运营。

5.1 机械加工（金属切削领域）车间级数字化技术发展方向

1. 加工零件的全数字化管理

从过去 CAD、CAM 和 CAE 的发展进程来看，绝大多数机械零件的设计过程已经完全由计算机来完成。那么这些计算机上面的加工零件的信息，基本上已经完成了数字化的过程。从另一个角度来讲，零件的性能仿真，如力学性能、化学性能、导电性能、强度、刚度、抗疲劳以及零部件的全数字化管理等各种各样的性能仿真工具，不是真正的物理上进行测试和品质管理，实际上在软件层面，可以用数字化的模型，对产品的品质、物理化学性能进行管理。比这个更重要的是，越来越多的企业已经开始用全数字化的方式来管理生产工艺：生产工艺文件的派发，已经从纸质文件转换成数字化文件；刀具信息、加工工艺、加工程序、检验方法、检测标准，都已经通过数字化的方式在传递。越来越多的企业，在采用统一的产品主数据库的方式来进行管理，也就是常说的 PMD（Product Master Database）。

2. 生产设备（机床）的数字化双胞胎式生产

越来越多的数字化工具和数字化的方式支持单台的生产设备，比如机床，把它抽象成一个数字化的对象，以及把机床和机床之间这种生产的衔接关系，或非机床类的，如物流设备、检测设备、翻转设备、清洗设备以及热处理设备等，都抽象成一个个数字化的对象，然后在一个计算机虚拟的工厂里面对这些生产设备进行安装调试，和对整个生产线层级进行功能测试、节拍测试以及其他方面的测试。通过这些技术手段使得一个工厂的生产计划过程和生产准备过程，可以从物理的世界搬到虚拟的世界里面。这样一个重要的基础变化或者发展方向，使得我们的生产准备和生产计划可以有更灵活调整的可能性，同时也尽可能地在计算机端去提前发现和验证方案的可靠性，以及方案里的瑕疵和不太容易被识别出来的设计错误。这样的技术使得生产设备和机床的数字化双胞胎可以比较好地用虚拟的生产计划和生产准备的方式与一部分最终在机床上进行的物理的生产准备相结合。同时通过对单台机床在生产和切削过程中的数据进行数字化双胞胎管理，可以提前判断出切削的效率和质量以及表面质量。公司就可以在生产实施和生产优化这两个阶段最大化地用数字化的手段来解决可能出现的问题，以及对生产过程进行优化分析。

3. 生产过程的全数字化运营

对于机械制造行业金属切削领域，在车间这一个层面的数字化运营，主要是强调所有生产设备的运行状态，可以在不同的管理系统里面得到清晰、明确的数据记录，实时地进行监控。同时，对于所有生产设备的运行过程也能够做到实时的全数据记录，使得对金属切削领域车间级的生产运营，可以做到完全透明化运营。比如机床的综合使用效率 OEE、刀具的平均切削寿命、零件的在制品数量、金属零件在整个生产线上移动的物流效率，通过对这些生产运营的核心数据进行数字化管理，企业可以获得比较大的经济效益改善。

金属切削领域在车间这个层面的数字化技术发展方向更多的是用数字化的方式去管理产品，用数字化的方式进行生产准备、生产计划、生产实施以及在线优化，对生产过程进行全数字化运营管理。这些需要大量的 IT 知识和数字化方面的网络知识，和对各种各样自动化控制系统知识的全面了解。从机床这个方向来看是各种知识的一个大融合。

5.2 机械加工（金属切削领域）车间级数字化关键技术

1. 数据采集

在一个多台设备构成的车间里，要把不同的控制器用有线或者无线的方式连接到一个硬件的平台上，同时要保证网络可以连接不同版本、不同供应商的设备。因为在硬件平台上有大量的实时数据信号，所以确保在这个车间层的网络连接里面不会出现网络延迟、网络堵塞，以及不会出现 IP 冲突，是一个非常重要的问题。因为工业不允许网络延迟。当然，网络安全也是重中之重，因为在车间级的工业网络里会传输长周期信号和短周期信号，所以要防止一切有意的黑客破坏和无意识的网络干扰。

2. SCADA技术

SCADA（Supervisory Control And Data Acquisition）系统，即数据采集与监视控制系统。SCADA系统是以计算机为基础的 DCS 监控系统，它在远动系统中占重要地位，可以对现场的运行设备进行监视和控制，以实现数据采集、设备控制、测量、参数调节以及各类信号报警等各项功能，即"四遥"（遥控、遥测、遥信、遥调）功能，它应用领域很广，可以应用于机械加工、电力、冶金、石油、化工、燃气、铁路等领域的数据采集与监视控制以及过程控制等诸多领域。

3. 机器人技术

在机械加工领域，工业机器人与数控机床的集成应用，是工业机器人应用的一个重要领域，具体的技术层级可以按表 5-1 进行划分。

表 5-1　机器人与机床的集成应用层级

层级	基础应用	中级应用	高层级应用
简图			

（续）

层级	基础应用	中级应用	高层级应用
简述	通过 PLC 的 I/O 点通信，依托机器人自身控制系统对动作进行编程和控制	通过 PLC 层连接，通过数控系统直接对机器人的动作进行操作控制和编程	路径规划使用数控系统基于运动控制连接，所有的编程和操作均按照数控系统的方式来实现
应用场景			

目前，在一些重要领域，如航空航天、三维模型制造、异形模具等，工业机器人逐渐取代传统五轴数控机床进行大型、异形产品的铣削等加工。例如，通过高档数控系统 SINUMERIK 840D sl 控制机器人进行复杂曲面的多轴加工。

4. 虚拟机床和虚拟调试技术

为了解决加工的安全性问题，精确掌握加工节拍，同时减少机内工艺监测及实现系统工业级模拟效果，数字化虚拟机床技术应运而生，如图 5-1 所示。该技术即数字孪生（Digital Twin），将数控系统内核（VNCK）和 NX 集成，保证运算模式和真实数控系统相同，同时把机床的本体和相关的驱动产品包括丝杠的减速比全考虑进去，使得在计算机里就是真实的机床投影。它可以近乎 100% 仿真加工各种复杂零件，提前验证 NC 加工程序的正确性，同时发现并且规避可能的机械干涉和碰撞，精确预知生产节拍，为后续生产执行阶段的实际工件在真实机床的加工提供安全保障，缩短试制时间，使机床加工在早期就实现最优化，最大限度提高工件加工表面质量和提升产能。

机床的数字化虚拟调试其实就是虚拟现实技术在工业领域的应用，通过虚拟技术创建出物理制造环境的数字复制品，以用于测试和验证产品设计的合理性，如图 5-2 所示。使用虚拟调试来提前编程和测试机床的机械结构联通、联动情况，减少过程停机时间，机床制造商可以降低将设计转换为产品的过程风险，确保机床"无差"设计，部分样机安装缩短时间 50%~65%。

图 5-1　数字化双胞胎——虚拟机床技术　　　图 5-2　数字化双胞胎——虚拟调试技术

5. 切削过程实时分析技术

借助机床状态分析软件（Analyze MyPerformance），通过安装在制造部门机床上的 A 客户端持续不断地获取机床加工的信息和状态，包括默认 CNC 数据（如 CNC 的方式组、进给倍率、故障信息等）、配置外数据（如压缩空气的状态、机床刀具状态、工件更换系统等），用以计算设备 OEE（整体设备效率）指标。通过切削过程的分析，工厂可以提高设备生产率，数据提供关于系统状态的信息，通过分析从而提高机床效率，快速方便地分析和优化数控程序；还可以改进设备可用性，通过系统分析（远程是可能的）防止设备故障，从而提高机器利用率；支持维修，避免生产故障；增加灵活性，显示故障的平均持续时间及其在机器总体计划使用时间中的百分比以及数控程序的集中管理。

6. 机床状态管理技术

借助集成自动化 TIA 博图 WinCC，无须具备高级语言编程技能，任何熟悉工艺的专业人员都能创建用于操作和监视的机床界面，使机床操作变得简单、高效，并满足个性化的要求。凭借机床管理软件（如 ManageMyMachines）可以轻松快速地将数控机床与云平台（如 MindSphere 等）相连，实时采集、分析和显示相关机床数据，使用户能清晰地了解机床的当前以及历史运行状态，从而为缩短机床停机时间，提高生产产能，优化生产服务和维修流程、预防性维护提供可靠依据，是实现高端制造业的重要途径。

5.3　机械加工（金属切削领域）车间级数字化实施路径

机床用户使用机床生产工件，一个工件如何由需求、构思到合格的产品（见图5-3），西门子可提供涵盖整个产品生命周期的全数字化方案：产品设计，生产规划，生产工程，生产执行，服务。所有环节基于统一的数据管理平台 Teamcenter 共享数据，互相支持和校验，实现设计产品和实际产品的高度一致，数字化双胞胎在整个过程中发挥着重要作用。

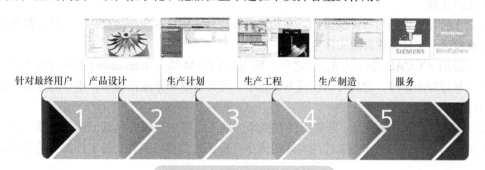

图5-3　车间级数字化实施路径

本书就以一个样例工件——叶轮的研发和生产为例，对西门子针对机床用户的整体数字化解决方案进行一定的探讨。

1. 产品设计

在产品设计阶段，当叶轮的需求明确后，首先需要进行产品设计。依托 CAD 软件可以协助用户方便、高效地完成产品工件的三维模型设计，如图5-4所示。

2. 生产计划

当产品设计完成后，如何规划后续的生产和确保质量，Teamcenter 工件工艺规划模块 Part Planner 可以协助我们进行科学、透明、可追溯的规划，如图5-5所示。

图5-4　叶轮的三维模型和加工实物

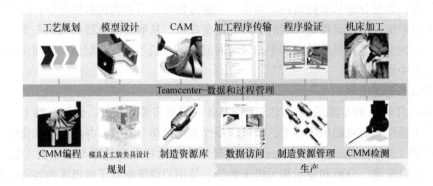

图 5-5　工件工艺规划模块

　　一个工件从构思到一个合格的产品，需要科学、合理、透明的规划，涵盖从软件虚拟世界的工艺规划、三维设计、切削策略、测量策略，以及机床设备、工装夹具、切削刀具等生产资源规划，到物理世界的生产资源的透明度，生产资源准备，工件在机床设备的实际切削，成品的质量检测和质量控制。全过程的所有数据都由 Teamcenter 统一管理，很好地保证了数据共享和数据一致性。

3. 生产工程

　　在这个阶段可以通过软件的帮助，在物理世界进行实际产品生产之前，在软件虚拟世界进行产品仿真验证，支持保障后续实际生产。

　　叶轮使用 NX CAD 进行三维设计之后，使用 NX CAM 结合 Teamcenter 制造资源库中丰富的刀具数据制订加工策略，之后可以生成 NC 程序、刀具清单和作业指导书，用于后续的实际机床生产使用。

　　NC 程序有没有语法错误、叶轮工件在机床的加工过程中有没有机械干涉和碰撞、加工节拍多长时间等问题，虚拟机床在工件的实际机床生产验证之前都可回答，是工件加工仿真的理想环境。

　　机床可集成于 NX CAM 环境中，基于真实的包括工装夹具、工件、刀具的机床三维数据和西门子软件数控系统 SINUMERIK VNCK，使用和实际物理机床相同的 CNC 数据确保一致的控制特性，实现和物理机床近乎相同的测试环境。VNCK 和 SINUMERIK 硬件数控系统具备相同的控制内核，虚拟工件在由 VNCK 驱动的虚拟机床上进行切削加工仿真，整个仿真加工过程和实际工件在物理机床上的加工过程近乎一致，如图 5-6 所示。

　　NC 程序经过虚拟机床的加工过程仿真，验证了 NC 程序的正确性，提前发现并且规避可能的机械干涉和碰撞，精确预知了生产节拍，为后续生产执行阶段的实际工件在物理机床上的加工提供了安全保障，缩短了试制时间。

4. 生产制造

　　自此工件从软件世界进入现实物理世界的生产阶段，进入生产车间。生产管理非常复杂，涉及资源管理、生产安排等，如图 5-7 所示。本书仅就资源管理做一定的探讨。

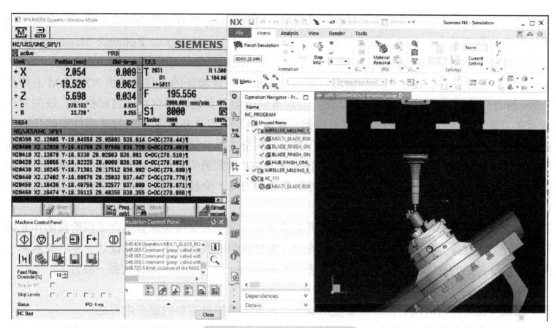

图 5-6　NX CAM 仿真加工

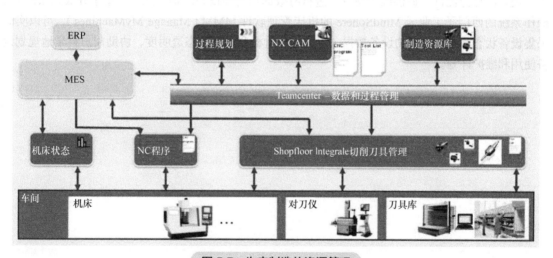

图 5-7　生产制造的资源管理

（1）机床管理方面　生产安排需要机床设备的实时状态和设备效率，机床绩效分析软件 AMP（Analyze MyPerformance）可以实时采集机床状态，分析机床的整体设备效率（OEE）、可用性、生产力等，并且可以将这些数据上传到制造执行系统 MES 用于生产安排。

（2）程序管理方面　在生产工程阶段，经过虚拟机床仿真验证的 NC 程序由 NX CAM 上传至 Teamcenter，然后根据生产安排把 NC 程序通过程序管理软件 MMP（Manage My Programs）释放到目标机床。MMP 还可以标注程序版本和属性，管理使能，集中、有效、透明地管理 NC 程序。

（3）刀具管理方面　切削刀具的管理是一项复杂但重要的工作，需要清楚每台机床上刀具的品类、数量和寿命等的透明度，需要清楚刀具库的刀具部件和成品刀具的透明度，需要清楚对刀站的透明度，需要清楚所需采购刀具的技术数据，更重要的是所有这些透明度需要一个高效、透明的数字化管理平台。车间资源管理软件 SFIRM（Shop Floor Integrate Resource Management）+ 刀具管理软件 MMT（Manage My Tools）就是可以执行此项任务的理想平台。

和 NC 程序一样，在生产工程阶段，经过虚拟机床仿真验证的刀具清单由 NX CAM 上传至 Teamcenter，然后释放到 SFIRM + MMT。刀具清单中的刀具是否都存在于目标机床，缺失刀具是否在刀具成品库，缺失刀具是否需要组装，组装需要的刀具部件存放于刀具部件库的什么位置，如何组装，哪些刀具需要在对刀站进行测量，测量之后数据如何传输到目标机床，新刀具如何安装到目标机床等问题，都可以通过 SFIRM + MMT 做到透明的管理，指导操作人员准备好需要的刀具和数据，并且在目标机床上安装好所需要的刀具，全程数据基于网络进行透明可追溯的管理。

（4）工件生产和产品检验方面　生产资源就绪后，操作人员按照来自生产工程阶段的作业指导书进行工件准备、试切，之后进入质量检测，质量检测的数据可用于产品设计、生产规划和生产工程阶段必要的改进，所有这些工作都通过 Teamcenter 统一管理，确保数据一致性。

5. 服务

要减少机床停机时间、提高设备使用效率，设备的维护是重要的服务内容之一。

机床状态分析软件 AMC（Analyze My Condition）可以协助用户掌握透明的机床状态，定期进行设备的性能测试，提供维护建议，进行有效的预防性设备维护。此外，基于开放物联网 IoT 操作系统的西门子工业云 MindSphere 的机床管理软件 MMM（Manage MyMachines），可以实时采集设备状态和用户定制的设备数据，生成设备看板和设备状态透明度，协助用户科学地规划设备使用和维护计划。

参 考 文 献

陈勇，耿亮 . SINUMERIK 808D 数控系统安装与调试轻松入门 [M]. 北京：机械工业出版社，2014.

参考文献

[1] ... ...